SKYLINE

天际线

望远 知新

BEE QUEST

寻蜂记

一位昆虫学家的环球旅行

[英国] 戴夫·古尔森　著
王红斌　冉浩　译
三蝶纪　审校

译林出版社

图书在版编目（CIP）数据

寻蜂记 ：一位昆虫学家的环球旅行 /（英）戴夫·古尔森（Dave Goulson）著 ；王红斌，冉浩译. -- 南京 ：译林出版社，2025. 8. --（译林自然科普经典）.
ISBN 978-7-5753-0804-5

Ⅰ. Q96-49

中国国家版本馆CIP数据核字第20255441TN号

著作权合同登记号　图字：10-2023-181 号

寻蜂记：一位昆虫学家的环球旅行［英国］戴夫·古尔森／著　王红斌　冉　浩／译

责任编辑　杨欣露
装帧设计　孙逸桐
校　　对　王　敏
责任印制　董　虎

原文出版　Vintage, 2017
出版发行　译林出版社
地　　址　南京市湖南路 1 号 A 楼
邮　　箱　yilin@yilin.com
网　　址　www.yilin.com
市场热线　025-86633278
排　　版　南京展望文化发展有限公司
印　　刷　江苏凤凰新华印务集团有限公司
开　　本　880 毫米 × 1240 毫米　1/32
印　　张　9.75
插　　页　4
版　　次　2025 年 8 月第 1 版
印　　次　2025 年 8 月第 1 次印刷
书　　号　ISBN 978-7-5753-0804-5
定　　价　65.00 元

献给爸爸妈妈，

谢谢你们！

目　录

无特殊说明，文中脚注均为译者注，尾注均为作者原注。——编注

序　言

我们徒步走向距离小学500米处的森林。孩子们手挽着手，兴奋地一边走一边聊。我扛着一些捕虫网和收集盘在前面带队，他们的老师夏基女士跟在后面，竭尽全力地使孩子们保持队形。

这是2009年的一个下午，这一天天气很好，阳光明媚。学期快要结束时，我带着大儿子芬恩以及他在邓布兰牛顿小学的同班同学们去捉虫。邓布兰位于苏格兰中部，是奥希尔丘陵西缘的一座小镇，边上不远便是野外。到森林之后，我把捕虫网和其他装备分发下去，并教他们如何使用，这群七八岁的孩子早已急不可耐。在他们手中，所有的网子都显得巨大而笨拙，捕蝴蝶的网子足以把体形小一点儿的孩子都装进去。这些像风筝一样的捕虫网看起来很好用，但是想要捕到会飞的昆虫，还有一个小窍门：轻轻转动捕虫网，让捕虫网的框压住网袋，封住网袋底部，防止昆虫再次飞走。我教他们把收集盘（一块用木框架撑起来的巨大矩形布）放到较低的树枝下，让他们用力摇晃树枝。虫子们落到白布上，跌跌撞撞地扭动身子，仓皇逃窜。一切立刻热闹了起来。我们需要用这个结实的白色网子（捕虫网）使劲击打高高的草，保持网口朝前。我发现，要想做到这一点，需要弯着腰，撅着屁股，把它从身子一侧划着弧形挥舞到另一侧。这么做的时候，我看起来像是在走着碎步跳莫理斯单人舞。这段“舞蹈”结束之后，我扎紧网口，免得里面的昆虫跑掉。我把孩子们叫过来，检查大家的捕捉成果。打开捕虫网总是很好玩的一种体验，有点像打开圣诞礼物的感觉，因为你根本不知道里面会有什么好东西。当许许多多小生物——蚂蚁、蜘蛛、胡蜂、甲虫、苍蝇和毛虫——从网中飞出来、蹦出来或扭动着爬出来时，孩子们一声接一声地叫喊着。我教他们如何用昆虫收集瓶[1]把最小、最脆弱的虫子捉住，还给他们每人分几个瓶子装猎物，然后打发他们散开。孩子们朝着灌木丛跑过去，用力击打，横扫四周，或是用昆虫收集瓶猛吸，玩得眼睛放光，不亦乐乎。我们翻开腐烂的木头和长满苔藓的石头（之后又小心翼翼地还原），发现了许多潮虫、步甲和马陆。他们每捉到一种新东西，总会骄傲地跑过来让我看看。从硕大的红蛞蝓到脆弱的普通草蛉，他们捕到的东西丰富多样。忽然传来 ii
一声激动的尖叫，原来是有一个孩子捕到了一只巨大的欧洲熊蜂的蜂王。这只熊蜂大声嗡嗡地叫着，向我们表示抗议。芬恩难以抵挡充当万事通的诱惑，给他的同学介绍着一切。

捕虫的场面异常混乱。不过，大约一小时之后，我们收获了各种形状与大小的虫子。我们将它们都装在罐子里，摆在一个收集盘上，又按科做了分类，以了解苍蝇和胡蜂、甲虫和蝽、蜈蚣和马陆之间的区别。我给孩子们讲起了它们丰富而又独特的生活：哪些虫子吃粪便，哪些吃叶子，哪些吃其他昆虫；寄生蜂会从里向外把毛虫活活吃掉；沫蝉大部分时间会躲藏在用自己的唾液做成的球里。当我们释放这些虫子时，我鼓励孩子们去拿那些个头比较大，看起来强壮些的家伙。有一只漂亮的原同蝽，身上呈现出鲜绿色和铁锈色，背部棱角分明，末端带尖。它得意扬扬地走了几步，然后拍拍翅膀，突然一下从我们的手里飞走了。一只未完全发育的灌木斑螽呈现鲜艳的叶绿色，夹杂着黑色的小斑点。它似乎有些近视，要用超过身长三倍的巨大的触角探着路往前走。一只柔弱的红螅好像不敢相信自己居然会被释放，它用突出的大眼睛小心翼翼地盯着我们，然后展开闪闪发光的翅膀，悄无声息地飞走了。

当我看到孩子们的笑脸，不禁想到那位伟大的生物学家爱德华·威尔逊的话："每个孩子都有一段喜爱昆虫的时光，而我始终没有从中走出来。"为什么孩子们天生热爱自然？为什么他们喜欢收集贝壳、羽毛、蝴蝶、压花、松果或是鸟蛋？为什么他们喜欢捉住各种各样的小生命，愿意观察和收集它们？这些问题想想都让人觉得有意思。我猜想，在遥远的过去，当人类依靠捕猎和采集为生时，这种好奇心对人类
iii 意义非凡，因为如果想要生存，我们必须积累与自然界有关的知识，尤其是哪些动植物可以吃，哪些又会给我们带来危险。这种好奇心还能让我们获得一些来自大自然的微妙线索。解读鸟儿的行为可能会让人类发觉即将面临的危险，或许也能获知食物和水的位置。经常有人问我，当初对自然的着迷劲是从哪儿来的，仿佛我是个异类似的。但事实上，我认为我非常典型，正如爱德华·威尔逊所说，几乎所有的人都有一段喜爱昆虫的时光。

一个更大的问题是，为什么绝大多数孩子失去了对昆虫的兴趣，并进而失去了对自然的兴趣？明明这些孩子八岁时还能全神贯注地盯着手掌里爬过的潮虫，他们到底怎么了？不幸的是，到了十几岁时，到处乱飞的昆虫和它们发出的嗡

嗡声会让大部分孩子产生恐惧和攻击行为，而这些都是源于他们对昆虫的无知。他们极有可能会猛击那只可怜的小生物，然后用脚踩踏一通。倘若只是害怕地挥着手，发着嘘声把它赶走，就算是最好的结果了。这到底是怎么了？为什么他们童年时的喜爱之情变成了现在的极端厌恶？这让我想起了邓布兰的那些孩子们，他们现在已经十几岁了。他们对昆虫感到陌生了吗？他们还记得那个阳光明媚的下午吗？还记得找到的那些让他们着迷的东西吗？父母对昆虫的恐惧会不会也影响了他们，让他们对窗帘杆上垂下的蜘蛛，或是家庭野餐中闯入的胡蜂产生过度反应？如今，我们家已经从苏格兰搬到了英国南部的萨塞克斯郡。但是，芬恩告诉我，他的新朋友大多也对野生动植物丝毫没有兴趣。他们感觉不到自然的世界与他们有什么关系。他们更有可能对足球、游戏机或是在社交平台上发自拍照感兴趣。放学回家的路上，他们会不假思索地把饮料罐和薯片包装袋扔进树篱。在他们眼里，观鸟没什么好玩的，收集、拍摄、饲养蝴蝶或蛾子是傻瓜和怪胎之类的人才会有的爱好。 iv

我大胆地猜测，这种变化的出现是因为在城市化的现代世界中，孩子们与自然接触的机会太少了。成长中的孩子只有经常与大自然亲密地接触，才有可能珍爱自然。他们很难爱上在成长过程中不了解的东西。如果他们不曾在春末去过一片长满野花的草原，不曾嗅闻那里的花香，不曾倾听那里的鸟儿和昆虫歌唱，不曾欣赏蝴蝶从草地上飞掠而过的场景，那么当这一切遭到破坏时，他们根本就不会在意。如果他们从来没有机会去古老的野外森林中攀爬，从来没有用脚踢过那些带有霉味的叶子和翠绿色的山靛，从来没有闻过蘑菇腐烂和生长的味道，那么他们就很难理解把树砍倒后做成刨花板是多么暴殄天物。纵使我有莎士比亚的天资，我也无法真正表达自然世界的美好和神奇。近几十年上映了一些极好的自然纪录片，让我们能欣赏到在本地没有机会看到的奇异生物。尽管这是一个良好的开端，但我认为还远远不够。我们需要让孩子们走出家门，让他们趴在地上去翻找大自然的乐趣。在我看来，花十分钟观察灌木斑螽，要比花上十个小时在电视纪录片里观看遥远热带森林中的天堂鸟跳求偶舞更有价值。

当然，可惜的是，现在没有多少孩子能有我和威尔逊曾有过的机会来培养对自然的兴趣。从更大的环境来说，我想孩子们再也没有机会像我一样，在20世纪70年代英国乡下的一个角落里去发现和接触自然了。如今，世界上的大部分人口都居住在城市，在英国，这一比例更是高达82%。孩子们不再像以前那样可以无拘无束地四处漫游了。从七岁起，我就在村子附近的郊野玩耍。有时和朋友们一起失踪几个小时，父母根本不知道我们去哪里了。我们爬树，去湖里和河里摸鱼，在森林里野营。现在，即使是住在农村的孩子们也没有这样的自由了。因为他们的父母担心往来的车辆会造成威胁，这完全没错。还有一部分是担心他们的孩子会被无处不在的坏人绑架，这就有点杞人忧天了。我的想法听起来可能有点不负责任，我认为应该给孩子们多一些探索的机会，做点冒险的傻事，这能让他们学到很多东西。在我的童年时代，这种傻事我做得可不少，我不也活下来了吗？

我最早的记忆都是关于各种昆虫的，它们简直渗透到了我的灵魂深处。五岁时，我发现了一些朱砂蛾的毛虫，它们长着横纹，身上黑黄相间，正在那些生长在我小学操场裂缝中的欧洲千里光叶子上大吃特吃。我弄了一大堆这种虫子放到午餐盒里，把它们带回了家，还采摘千里光来喂养它们。当它们长成蛾子时，我异常兴奋。这些蛾子不太会飞，但是非常漂亮，熠熠发光，呈现洋红和黑色相间的颜色。（后来我才知道，这是一种有毒的标志，是欧洲千里光用来保护自己的毒素在它们体内积累的结果。）我收集院子里的马陆、潮虫、甲虫，还有在好天气里从房子前矮矮的水泥墙上匆匆爬过的红色螨虫。我把它们装在果酱罐里，一字排开放在卧室的窗台上。这些可怜的生物大多恐怕都死了，但我因此学到了很多东西。后来，父母给我买了本《牛津昆虫之书》，目的

就是让我了解收集的那些宝贝们，我从中获益匪浅。到了晚
vi 上，我仔细钻研那些水彩插图，为我的地方探险制订计划。我想我可以找到更加有传奇色彩的生物——宽跗牙甲、帝王伟蜓和赭带鬼脸天蛾。

七岁时，我们从伯明翰郊区一栋半独立式的小房子搬到了什罗普郡的一个小乡村——埃奇蒙德，这给我的生物捕猎活动提供了更多的机会。我在学校交了一些趣味相投的朋友。午饭时，我们会在围绕学校的山楂树篱上搜寻漂亮的桑毛虫，它们像黑色的天鹅绒一般，装饰着由一簇簇红色、黑色和白色的刚毛形成的条纹，就像莫西干人的头饰一样。周末，我们会走遍我们村子周围的树篱、草原和萌生林，去搜寻其他种类的毛虫。我的父母给了我另一份礼物——《毛虫观察手册》。在这本书的帮助下，我们尽最大可能去了解找到的虫子，并找来恰当的叶子喂给它们。我发现它们挑食的习惯很有意思，大部分蛾和蝴蝶的毛虫只吃某一种或某两种叶子，宁愿饿死也不吃其他东西。也有几种不那么挑剔的毛虫，比如豹灯蛾的幼虫非常巨大，这种带有黑色和橙色的虫子毛茸茸的，除了草之外，它们几乎什么都吃。[2]有一次，我们看到一只黑带二尾舟蛾的幼虫正在吃柳树叶子。这种绿色和黑色的虫子很奇特，它们受到惊吓的时候会翘起腹部末端，从分叉的尾部伸出一对来回摆动的红色触角，借以显示威胁。我

等了将近一年，直到第二年年初才见到它们变成蛾子。它们长得很胖，毛乎乎的像小猫一样，还有黑色的斑点长在白色的身子和翅膀上。 vii

我在只有七八岁的时候就开始收集鸟蛋，而我父亲小的时候也做过类似的事。在我的记忆之中，几乎村子里的每个男孩都会收藏鸟蛋。（我不知道女孩子们在干什么——我没有姐妹，而且上的是男子中学，所以，直到十四岁时才知道还有女孩存在。）我们比赛看谁能找到不同寻常的鸟巢，对于彼此的收获还充满觊觎。当然，这次也离不开“观察手册”系列博物类书籍的帮助。我现在仍然保留着已经被翻成碎片的《鸟蛋观察手册》，它差不多有50年的历史了。我记得我发现了一颗有浅棕色斑点的蓝色鸟蛋，它被遗弃在什罗普郡南部的朗麦得山的斜坡上。我自信那是环颈鸫的鸟蛋，属于一种我从未见过的、生活在高地的罕见鸟类。我的朋友们对此表示怀疑，我们还为此争论了好几天。以我的“后见之明”判断，这只是乌鸦的蛋而已。在这个过程中，我们学到了许多关于鸟类的博物学知识。因为每种鸟儿大都在特定的地方、用特定的材料筑巢。有几次，我们找到了银喉长尾山雀的巢穴，它由蜘蛛网和软苔藓编织而成，是一种格外漂亮的球面结构。

我以此为起点，发展到收集蝴蝶，接着是蛾子，然后是甲虫，最后，我变成了识别它们的专家。喂养蛾子和蝴蝶的技能给我带来了一个好处，它能让我收集到完美、没有污损的成虫标本。但是，到了十二岁左右，我终于厌倦了杀死这些可爱的生物，喂养的最终目的是把它们放归自然。特别值得一提的是，我养了几百只孔雀蛱蝶和荨麻蛱蝶。我从荨麻上寻找毛虫，把它们养在自己的笼子里，这样它们就能躲避寄蝇和小蜂。在野外，这些蝴蝶毛虫大多难逃这些寄生虫的
viii 魔爪。看到这些新羽化出来的蝴蝶第一次尝试飞行，看着它们的翅膀一点点变干，随后拍打翅膀，飞向高空，并最终从我们的院子里飞走，真是一件令人欣慰的事。

当然，不止是博物学占据了我年轻的头脑。当我开始上中学时，我很快就喜欢上了所有的科学，尤其化学课上的烟火制造和电学里带有危险的刺激实验。父母给了我哥哥克里斯和我一套化学装备，从此以后，我们便和许多孩子一样，花几个小时随便地把什么东西混在一起，再放在小小的变性酒精燃烧器上加热。通常，我们只能得到一团棕色的黏糊糊的东西，加上一团有毒的烟雾。我们会冒着被罚课后留校甚至更严重的风险，从化学课上偷偷带走一些镁条，然后在午饭时，欣喜若狂地在学校运动场的边上把它们烧掉。它们燃烧得非常剧烈，以至于到了下午上课时，我们的眼前还在冒金星。我们的老师曾经把一些小块的钠和钾放到水槽中。这

些极不稳定的金属便开始嗞嗞作响，然后便是“砰”的一声，喷射出一团火焰和水蒸气。看过这些演示之后，我们非常渴望去尝试一下，但是我们那位怀着“小人之心”的老师从不让这些东西脱离他的视线，每次上完课，他总是把它们锁在金属柜子里。

幸运的是，虽然我的父母并不清楚我和朋友们到底在忙什么，但是他们对我早期的化学实验非常包容，就像当初能够容忍我把屋子里塞满装着各种生物的瓶瓶罐罐一样。在我们学了点化学之后，便可以设计出能在家里操作的更加危险、也更有意思的实验。我和朋友戴夫（我们班有五个戴夫，对于我们这一代的男孩子来说，要是有人找到了一个集合名词来指代某群人的话，那这个名字确实很有用）往水里通电，ix
制造出了氢气和氧气。我的玩具赛车配备的变压器可以说是这些实验理想的电力来源，因为它能提供非常稳定的12伏电压。我们用瓶子收集氢气和氧气，假如用火柴点燃它们，就会发生让人激动的爆炸。当然，这么做有一定的风险。我甚至学会了通过给家用漂白剂通电，实现在厨房的案台上操作复杂的实验来制取氯气，这种棕色的气体毒性很强。实验异常成功，要不是我及时关闭装置，打开窗户，估计我早没命了。

那时克里斯和我正在收集二手图书，准备在学校即将到来的重大活动中卖掉。虽然我记不太清了，但我想应该是父亲主动为我们申领的这项任务。我想象不出哥哥和我会自愿找这么一个差事，推着一辆独轮手推车，挨家挨户地在村子里收集别人不想要的书。不过，事实证明，这件事有意想不到的好处——在一堆堆泛黄的传奇小说和数不清的阿加莎·克里斯蒂的谋杀谜案中，我找到一本小书，名字就叫《爆炸》。我打开这本书，发现里面详细记录着如何制造大量极其危险，而且可能非常不稳定的化合物，你可以想象我有多么激动。让人失望的是，对一个十二岁的小男孩而言，书中需要的大部分反应物都找不到。例如，从一开始我就很清楚，我根本没办法找到制造TNT炸药所需剂量的浓酸。然而，火药的配方还是充满了诱人的可能性。火药被爆炸迷们偷偷称作黑粉末，它仅仅含有三种成分：硫黄、木炭和硝酸钾。我的儿童化学装备里就有硫黄。至于木炭，尽管我们只会手忙脚乱地把烧烤用的木炭磨成需要的粉末，但它们毕竟还是很容易获得。那样，就只剩下硝酸钾了。书上说，鸽子粪中含有大量硝酸钾，如果小心操作，就非常有可能提炼出来。我们花了很长时间才在村子里找到一位养鸽人。透过他家的篱笆贼头贼脑地偷窥了一番之后，我们终于发现了一座鸽舍和满满一窝咕咕叫的住户。如果有些常识的话，我们一定会敲开鸽子主人的房门，索要一些鸽子粪。只要我们给出一个稍微能讲得通的理由，这肯定不成问题。但是，我们担心鸽子的主人会看穿我们的真实目的。当然，以我后知后觉的判断，他不太可能推断出我们索要鸽子粪的目的竟然是为了制造炸弹。然而，我们当时偏执地认为，这种情况很有可能发生。不管怎么说吧，我们一旦认定了不能直接索要，那么夜晚的偷盗似乎就是唯一的选择了。在一个漆黑的晚上，我的伙伴戴夫（众多戴夫中的一个）和我偷偷潜入那家院子，非常欣慰地发现鸽舍没有上锁——大概那个时候，在什罗普郡的乡下，偷鸽子或者鸽子粪的事实在是非常罕见。我们不敢打开手电筒，只能在一团漆黑中把鸽子粪铲进一个袋子里，一边小心翼翼地忙活着，一边还得忍受着刺鼻的气味。鸽子开始扑腾起来，紧张地飞来飞去，鸽子粪像雨点一样从上面砸落下来。我们赶紧从院子里撤退，对自己的战利品扬扬得意。我一直想知道，那位养鸽人是否注意到了有人神神秘秘地大半夜帮他清理了鸽舍。

第二天，我们开始动手提炼硝酸钾。书上并没有记载如何操做，这明显是作者的疏忽。我们知道硝酸钾溶于水，所以，凭借着我们尚不成熟的化学知识，我们认为应该冲洗粪便，筛除固体，然后从余下的溶液中把硝酸钾提取出来。我 xi
们在院子的尽头把这些粪便倒入一桶热水里，然后用一块旧茶巾把硬块过滤出来。这工作实在是让人恶心。最后，我们得到了一桶臭烘烘的浅褐色液体。我们认为接下来仅需要把液体加热，让水分蒸发就万事大吉了，最后余下的主要成分应该就是硝酸钾。起初，我用一口旧锅在厨房的炉子上操作。但是，妈妈很快把我们赶出了屋子。对此，我们一点都不意外，也非常理解。幸亏我之前在棚子里把一盏煤气灯和一个旧野营气瓶简单地组装到了一起，我们只好将就着用它了。这项工作花了我们好几个小时。当液体变稠时，恶臭达到了极点。但是最后，锅里的东西变成了一团黏糊糊的褐色物质，看起来实在不像是硝酸钾。因为我们知道，硝酸钾应该是白色的晶体。不过，我们还是抱着幻想，希望能够成功。

我们小心地按比例把这团褐色的黏东西和硫黄、木炭混合在一起，结果得到了一些黑乎乎的东西，还有点发绿，看起来挺好玩。我们取了一点儿，把它放在一个倒扣着的易拉罐的底部。然后，我小心翼翼地点燃火柴，心突突地跳个不停。火柴燃烧得断断续续，那团东西发出噼啪的响声，最后……什么也没发生。我试了一遍又一遍，不过还是没什么希望。很明显，鸽子粪中的硝酸钾含量不如预期高，也可能是因为我们的提炼方法无效，或者是鸽子的种类不对。

我们稍微做了一些调查，发现硝酸钾有时会被当成肥料来卖。事实上，有一家园艺店紧挨着我们在纽波特的学校，店里储备着硝酸钾，当然还有许多其他值得拥有的化学物质。

但是，它们都被放在柜台后一个高高的架子上。我和朋友们曾假装察看蔬菜种子，趁机偷偷地侦察过它们。最后，我终于鼓起勇气尝试着买一些。我敢肯定，店主会立刻怀疑我的真实目的。他是一个上了年纪的老头，头发灰白，一脸严肃，马上开始盘问我到底要干什么。因为我一直都不太会撒谎，所以我满脸通红，结结巴巴地说是学校做实验用，目的是要看一看硝酸钾对植物的生长有什么作用。我的朋友们在我的身后站成一排，给予我道义上的支持，胆大些的还插两句嘴，对我说的话进行各种补充。有的说，学校要举行一个比赛，看谁能种出最好的蔬菜。虽然听起来不大可能，但也勉强说得过去。不过，在他继续质问我的时候，我立场坚定。最终他非常勉强地从架子上取下一个两磅的盒子。我敢确信他知道我们不怀好意，但是又没有证据。而且，可能他也很高兴终于能卖点东西出去，因为那个小商店实在是太冷清了。我递过钱，抓起盒子，一溜烟地跑了出来，生怕他再反悔。 xii

火药果然好玩极了。它并不能爆炸，但是会猛烈地燃烧，释放出含有硫黄味的烟。在寒冷的十一月的晚上，这种味道能勾起人们对烟花的记忆。我们用这些成分按不同比例做过多次实验，把小堆火药放到院子尽头的石板上燃放，以躲过家长窥探的视线。当我们提高混合物的纯净度之后，它燃烧得更快了。用火柴点燃火药时，我们的手指表面经常会被烧焦。所以，我们琢磨出了一个办法：把卫生纸拧在一起，在硝酸钾溶液中浸湿，然后再晾干，这样便成了导火索。我们尝试着往化学装置里添加其他物质来改变火焰和烟雾的颜色。我们还在纸板筒里装上不同量的火药，完成我们的原始烟火
xiii 表演。与专业的烟火相比，它们当然望尘莫及，但是因为所有东西都是自制的，所以比起买来的那些种类繁多的烟火，它们更令人满意。

我的朋友戴夫想出了另一个烟火配方：把氯酸钠灭草剂和糖混合在一起。我们决定比赛看谁能做出最好的烟火，于是花了几周制作能飞起来的火箭。但是，我们一直都没有真正取得成功。我们做出来的成品中，飞得最高的火箭也只能飞到四英尺[*]高的地方，然后便一个跟头扎向地面。屡次的失败让院子中的草坪遭了殃，上面被我们烧焦了好多块。

虽然我们制造的火药燃烧得很好，却没有真正爆炸，这有点让人失望。最终，我们发现要想实现爆炸，必须要把火药密封在一个不透气的容器中，然后把它点燃。这做起来有点棘手。你怎么去点燃一个密封起来的东西呢？又怎么在安全距离之内把它点燃呢？在这一点上，我那本《爆炸》帮不上忙了。在经过多次讨论、尝试和失败之后，戴夫和我终于

---

* 1英尺=30.48厘米。——编注

找到了答案——我们想到了老式的一次性四联闪光灯。年轻点的读者可能不知道，稍早一些的照相机并没有内置闪光灯，而是通过一个安装点连接着一个四联闪光灯，其中有四个一次性的灯泡。照相时，朝前的闪光灯白炽化并烧毁。在这个过程中，会产生一次照相所需要的光。然后，你得把闪光灯转动四分之一圈，让另一个灯泡做好准备。让人惊讶的是，仅仅使用1.5伏的5号电池就足以让这些灯泡白炽化。

当我们小心翼翼地把这些灯泡从塑料壳中剥开之后，就能轻松地点燃我的火药和戴夫的灭草剂混合物。于是，我们用纸板做成厚厚的筒，里面装上我们制作烟火的火药，又放 xiv
了一个灯泡，引出两条细电线。我们在纸筒外缠了一层又一层的电工胶布。接下来，我们只需要把电线与电池的电极相连。砰！随着一声巨响，纸筒四散飞去，只留下一些残迹还冒着烟。这实在是太有意思了！不久，我们便升级到使用铜管，爆炸时发出的声音便更大了，简直能让大地都跟着震动。事后，满地都是扭曲的金属屑。为了保证自己处在安全的位置，我们给老式闹钟装上了电池，再用电线穿过玻璃表盘上的一个孔，在分针达到垂直位置时便会发生接触。这样，我们就能推迟炸弹爆炸的时间，最长能推迟55分钟，从而可以在几百英尺之外坐着观看爆炸瞬间。这些自制的筒式炸弹给我们带来了无穷的乐趣。我们在树洞中，在当地一个报废的采石场的岩石缝里，还在一个废弃农场中摇摇欲坠的砖墙缝里制造爆炸。它们威力不大，通常只能把几片木头、石头或砖头炸飞。有一次，我们在电视上看了炸药捕鱼的节目后，也试着在本地的运河中投放了一枚自制炸弹。虽然没有杀死任何一条鱼，但是产生的水花还是让我们很满意。

对青少年来说，制作炸弹并不是一项很安全的活动，所以我决不推荐青少年去做那样的尝试。但是，这与后来我们对地方电力供应造成的混乱比较起来，就有点小巫见大巫的感觉了。在我们十三岁时，经历了一个非常倒霉的早上。那天，我与朋友马特和塔哥（蒂姆）正在院子里玩，手里拿着一段从别的地方弄来的生了锈的老旧带刺铁丝。它有几码长，XV 在头上用力甩动旋转时，能发出呼呼的声音。不过，我们很快就玩腻了。鬼使神差地，我决定要把它旋转着扔出去，扔过我们房前的路，扔到地里去。我没注意沿街道的电线杆之间有一些电缆。铁丝击中一根电缆，挂在上面，在它转动的过程中又接触到了另一根电缆。电缆上瞬间发出一声巨响，一团橙色的火花四处飞溅，铁丝断成两截，落到地上。细看之下，我们发现它的中间已经熔断了，还在人行道上冒着红光呢，想来是因为铁丝无法承受从中穿过的高压电流。这种活动可太好玩了，我们当然还想再尝试一次。

我们很快便意识到，我家门前的草坪并不是最佳场所，找一个偏僻点的地方才是个明智的选择。所以，我们朝村外游荡，一边走，一边留心着更多的铁丝——我们手头的那一段已经太短了。这让我们花了很长一段时间。不过到了最后，在一块田地的一角上，我们发现有一捆多余的铁丝绑在一根篱笆杆子上。我们反复地来回弯折，最终从上面弄下来了一段。我们拿着它朝最近的巷子走去，走过最后一栋房子，找到一块头顶有电缆的地方。事后看来，我们本该注意到，这些电缆要比我家房子外的高一些，从而意识到它们其实更重要。按说，我们也该注意到它们更粗一些。但是，因为它们太高了，所以可能不是很明显就能看出来。无论怎样吧，尽管有那些区别，我们还是开始用力朝电缆投掷铁丝。然而由于这里的电缆太高，所以这一次要比之前在我家附近的那一次难多了。我们轮流把铁丝旋转着投向空中。有时，铁丝击 xvi
中其中一根电缆，毫无效果地落了回来。我们折腾了差不多有两个小时，幸运终于降临到我的头上。我让铁丝挂在一根电缆上，在旋转过程中，触碰到了另一根电缆。接下来发生的事永远印在了我的脑海里。我们听到了一声震耳欲聋的巨响，还看到了像闪电一样的白光。其中一个人喊道 :“快跑!”那个人可能是我，也可能是我们同时喊了出来。我们飞速逃离了现场，朝村子狂奔。我扭头迅速瞅了一眼，只见两根电缆已经落到了地上，冒着火星。这有点出乎我们的意料。

大伙儿跑回我家，因为它离得最近。我们躲在院子的棚子里，坐在学校活动之后剩下的二手传奇小说上，盘算着下一步的行动。我们知道这次闯祸了，而且躲过麻烦的可能性不大。我们在有电线的那个巷子待了很长时间，这期间很多车从我们面前经过。在我们这个小村子里，大家都彼此认识，过不了多久就会有人发现罪魁祸首是谁。最终，我们认定，除了回家坦白，我们别无选择。我提心吊胆地从后门走回家，发现妈妈一反常态地心情很糟。刚才她正在为周日午餐烤一大块肉，没想到突然就停电了。我们村里没有煤气，所以每一次的周日午餐都是用电烤箱做出来的。现在，全村烤了一半的鸡和牛排都在慢慢冷却。在我们村那两家分别叫“狮子”和“羔羊”的小酒馆里，很多份周日午餐也做不好了。在20世纪70年代后期，停电是常事，但通常都是在晚上，而且大多会提前通知。然而，这次根本没有任何警告。

xvii 这有点出乎我的意料，我便一句话没说又跑了出去。塔哥和马特还没走远。他们根本不情愿回家，所以正在与回家相反的方向上磨蹭着。我把他们叫回来，告诉他们发生的事。这回的事态可不是糟糕，而是太糟糕了，称得上是史无前例的灾难。我们又躲回了棚子里。马特建议说，或许停电只是巧合而已，鬼才相信他的话。我们都知道，肯定不是这样。事实上，后来我们得知，我们击中的是11 000伏电线，那是我们村子唯一的电力来源，电力部门的抢修人员忙到天黑才把它们修好。我和朋友们正在棚子里摸黑坐着时，当地的警察开着他的迷你警车过来了。他对我们的印象不太好，因为前几年，他曾抓住我们用自制的弹弓（被他没收，然后焚毁了）拿他家的鹅练瞄准。所以，他带着几分得意把我们带到了纽波特警察局。

最后，我们交了一小笔罚款，轻轻地挨了几板子之后便被放了回来。对我来说，最麻烦的是这件事给我父亲造成的尴尬。他是本地的老师，是社会的标杆。很自然，儿子被拉到地方官员面前实在是让他蒙羞。更糟的是，他们学校的校长就住在我们村子，在那个重大的日子，他的周日午餐也被毁了。

当然，我不会建议您允许孩子们去炸农场的建筑，蓄意破坏电线，或者是收集鸟蛋。我们做的很多事非常危险，也十分愚蠢。不过，如果当初没有这点热情，我长大后还能不能成为科学家可就说不准了。或许我的父母太包容我了，或许他们也有点单纯，但是我非常感激他们给了我相当多的自 xviii
由。（不过，要是他们能提前讲一讲高压电线的危险就更好了。）我自己有三个儿子，一个五岁，一个十二岁，另一个十四岁，对于他们，我尽量给予自由，让他们自己去学习。当我看到他们在高高的树枝上摇摆时，我会赶紧避开。或许，我不该让我五岁的孩子拿着我的斧子或锤钻玩耍。但是，截至我写这本书时，他们还都好好地活着呢。我给他们买了自制烟火的材料，但是我努力关注他们的操作，而且禁止他们尝试铁管炸弹。尽管他们从未成功地升起过火箭，我们的草坪上依然布满了被烤焦的斑点，这是他们尝试失败的标志。我也努力给他们提供机会，让他们接触大自然。我们住在萨塞克斯郡附近的原野上，万分幸运地拥有周围的树林、牧场、小溪，他们可以安全地去那里探索。他们有可能遇到的最大的危险就是他们自己。每到夏季，我们会来到我们家位于法国乡村最深处、最富有神秘性的小农场。在那里，他们可以尽情撒欢。我不知道他们是否会像我一样去研究博物学，但是至少他们有充足的机会爱上大自然。我的大儿子芬恩现在能辨认大多数野花，次子杰德善于昆虫摄影，最小的孩子塞思喜欢收集一切东西，再把它们放在特百惠塑料杯里观察。在他端详虫子的时候，他非常安静，要是一直这样该多好呀！我确信，未来的他们一定会尽力去探索自然的奥秘。

让人有些难过的是，我感觉他们只是特例。虽然我不是特别肯定，但是我感觉人们与自然的接触正在减少，当前正在成长的这一代人距离养护他们的世界更远了。果真如此的话，那可真是太可怕了。现在，人类活动造成物种灭绝的事
xix 件时有发生，气候变化也威胁着全球的大部分地区，使它们

在不久的将来不再宜居。与此同时，地球表层土壤正在以每年一千亿吨的速度流失。就在这样的背景之下，环境问题在政治议程中鲜有提及，即使是绿党也不例外。政客们争论的焦点主要集中在经济上。但是，如果没有了土壤和蜂类，钱还有什么用呢？

如果我们想拯救这个世界，并最终拯救自己，那么我们需要更多的人来关注它的命运。首要的是，我们需要给孩子们提供更多的机会，让他们去探索自然，让他们蹚着泥水去捕青蛙，爬进树篱去捉毛虫。我们需要给他们机会表达对自然的好奇，让他们观察蝴蝶破茧而出，看着小蝌蚪长出四肢，体会在木头下发现蛇蜥的激动。如果我们给他们提供了这些机会，那他们将来就有可能热爱自然，珍视自然，并为自然的未来奋斗。

我非常幸运，能在小的时候拥有机会获得上述体验，这种经历促使我用毕生精力去探索博物学的奥秘。我有幸周游世界，观察鸟翼凤蝶在婆罗洲的雨林中穿梭，倾听吼猴在伯利兹的森林中宣示着自己的领地，还有许多印象深刻的经历，简直不胜枚举。在离家近的地方，在法国和英国那些不算壮观，但也同样精彩的森林和草地中，我不知花了多少时间去寻找昆虫、鸟儿、爬行动物、哺乳动物和野花。在乡下长大实在是我的幸运。我的职业也是一件幸事，它让我有机会追

寻世界上最有趣的蜂类，并有望更多了解它们，揭示它们生
xx 活中仍不为人知的细节，再寻找办法去保护它们，使其他人
能有机会在未来见到它们。本书便记述了这些寻找蜂儿的旅程。我们将以家为起点，从隐藏在英国的那些角落开始，在那儿，野生动植物仍然生机勃勃。此后，我们要走出国门，先到波兰的野山上，然后到新世界的安第斯山脉和落基山脉，那里正上演着熊蜂的悲剧。最后，我们将回到英国，见证大自然的恢复能力，这将令人鼓舞，充满希望。欢迎走进我的
xxi 《寻蜂记》，与我一同踏上环球旅行。

第一章

索尔兹伯里平原和尖叫熊蜂

在某个地方，某些东西正等待着被发现。

——卡尔·萨根

过去，我曾把英国熊蜂的消亡归咎于阿道夫·希特勒。这是因为第二次世界大战迫使英国增加粮食产量。那时，英国亟须做到粮食方面的自给自足，因为可以进口的渠道太少了。由此，出现了随后几十年的农业大发展时期。在此期间，许多荒野被开垦成农田，用来种植大量单一的农作物。然而，如果按照这个逻辑推理的话，我要承认凯撒和希特勒还得勉为其难地接受致谢，是他们的行为在客观上导致了欧洲最大的自然保护区的诞生。

1897年，英国国防部开始在索尔兹伯里平原购买土地进
行军事训练。[3]那时，英国还是一个庞大的帝国，在全球此起 1
彼伏地卷入各种冲突。想要统治位于世界各个角落的新领土

并非一件易事。为了控制众多拥有粗劣装备的土著人口，英国必须训练一大批高质量的军队。在维多利亚女王长达63年的漫长统治中，我们卷入了36次全面战争，18次军事动员，98次军事远征。我们的常备军规模庞大，所以需要一块专门的地方来训练他们。考虑到这一点，政府通过了一项法案，允许军队自行购买土地，如果必要的话，还可以采取强制措施。军队当然会选择距离交通枢纽伦敦和英吉利海峡港口更近，而且居民少、土地便宜的地方，索尔兹伯里平原正好符合这些条件。由于19世纪中叶羊毛工业的崩溃，这里成了英国最贫穷的乡村。此时，陆军开始大规模购买土地，仅在1897年，他们就在这里购买了6 000公顷，在英国的其他地方也不例外。

在军队到达之前，这里早就有古代人类定居的历史。平原由一块巨大的白垩岩构成，是由几千万年前数不尽的海底生物遗体沉积而成的。不过现在，它已经抬升为一片起伏的高原，由南向北倾斜，最高的地方也不超过海拔200米。当最后一次冰期从英国退去的时候，这个地方本来有可能变成森林，但是早在5 500多年前的新石器时代，当时的定居者们就已经开始砍伐南北唐斯丘陵附近的森林。或许，浅浅的白垩质土壤让这里的树根比周围较低地区的更容易挖。该地区的人类活动痕迹还可以追溯到更久以前——人们在这里发现

了一些8 000年前的树桩残骸，它们排布得非常有规律，直立
在地面上，不知有什么用途。我们对他们的生活方式了解得 2
十分有限，但是他们存在的证据——那些奇特的坟墓、堡垒
以及用途神秘的古怪土丘——却遍布平原。

当然，最有名的新石器时代的结构是巨石阵，那些巨大的、经过切割的石头具有象征意义。这些直立的萨尔森石围成一圈，顶上盖着巨大的石楣。大约在5 000年前，它们被人们以某种方式竖立在那里。我小的时候参观过巨石阵，那时，游客还可以在石头间穿行、攀爬，那场景我一直到今天都记忆犹新。这些古代巨石不可避免地带有一层神秘色彩，有些人声称是富有传奇色彩的魔法师梅林把它们搬到那里，再直立起来。毕竟，我们很难解释凡人是如何用传统的方法把它们运到那里的。巨石阵内圈四吨重的蓝砂岩是从威尔士西部采来的，距离巨石阵有290千米，中间还隔着大河和山脉。如果搬运过程中没有使用魔法，那么我们可以想象，这一定是耗费了大量的血水、汗水和泪水的结果。由此看来，当时的人们必然非常看重巨石阵的建造。萨尔森石出自附近的埃夫伯里，距离此地只有40千米。但是，它们每块重达20吨，移动它们肯定也费了许多力气。有人计算过，通过滚动装置移动每一块石头都需要600人参与。即使有这么多人，移动起来也非常缓慢。可以想象，召集这样一批人是一项异常艰巨

的工程，因为当时英国的总人口只有几万人。为什么这些古人要不惜一切代价做成这件事，我们不得而知。在巨石阵附近，人们发现了一些坑洞，里面埋着被火化的人骨和其他遗骸。这些人来自很远的地方，有的来自法国，有的来自德国，
3 甚至有一个男孩来自地中海地区。或许他们是祭品，通过屠杀这些来自异域的奴隶来纪念早已被人们忘记的神明。另一些理论认为这个地方是从事天文研究的地点，或者是新石器时代的人们纪念停战、庆祝和平或团结的场所。我们几乎永远都不会知道真相。不管它们的真实目的到底是什么，毋庸置疑的是，这些过去的行为还是留下了印记，因为巨石本身就能勾起人们的遐想。

后来过了很长时间，罗马人来到了这里，他们在平原上种庄稼供给他们的军团。再后来，到了878年，据说，阿尔弗雷德大帝在与维京入侵者的战争中取得了决定性的胜利，战场就在韦斯特伯里附近。为了纪念这次胜利，人们在平原西部边缘、韦斯特伯里前方的山坡上雕刻了一匹白马。一直到20世纪初，平原上的人们生活和工作方式都没什么变化。1913年，一对生活在19世纪末维多利亚时期的姐妹埃拉和多拉结束在平原上的旅行后，出版了一本配有插图、特别能激起共鸣的书——《索尔兹伯里平原：石头、教堂、城市、乡村和人们》。平原上生活的核心是绵羊，每个牧羊人都有千余

只壮硕的羊。羊毛是主要收入来源，羊肉可供食用，羊粪又是耕地的肥料来源。为了遮风挡雨，平原上的村庄都躲进了山谷，田地包围着村庄，使得平原上主要是开阔的牧场。或许在5 000多年来的大部分时间里，这些牧场大多以相同的方式运行着，偶尔有牲畜过来吃草。埃拉·诺伊斯描述了伊穆波尔村的情景：

> 这个村子处在索尔兹伯里平原的低洼处，有另一
> 条冬溪经过。丘陵包围着村庄。分散的旧木屋和农舍 4
> 形成了一条街道，在山谷间，在榆荫下蜿蜒铺开。春天，小溪水流充沛，清澈见底，从村中穿过。夏天，水流消失，河床上长满野草。
>
> 小屋被刷成了白色，屋顶用木材斜搭而成，上面盖着厚厚的茅草。它们或形成短短的几排，或簇拥在一起。小屋之间的角落里长满了蔷薇之类的盆栽花草，零零星星地种着丁香、百合，还杂乱地生长着一些生生不息的豆子。

据传，伊穆波尔村的定居点至少起源于967年。100年后，这个村子被记录在《末日审判书》中。诺伊斯姐妹来访时，这里有几家小商店、一家小酒馆、一个铁匠铺、一间碾

磨谷物做面包的风车磨房、一所小学校、一座浸礼会小教堂和一座规模较大的教堂。他们对于这座小小村庄以及生活在这里的人们的描述充满浪漫，如田园诗一般，但那时的生活肯定也充满艰辛。大部分人会在九岁时离开学校去工作，要么去放羊，要么就是成为农场上的帮手、女仆、铁匠、磨工或面包师，从事一些几个世纪以来都没怎么改变的体力活。诺伊斯姐妹不知道的是，她们所描述的生活马上就要消失了。

1898年，50 000多名士兵在这片平原上展开训练，为南非的第二次布尔战争做准备——这是改变即将到来的标志。那时，人们的娱乐方式很少，所以这些军事活动便成了供大家参观的好选择。周末时，会有成百上千的本地人在平原高地野餐，观看这些军事演习。第一次世界大战带来了更加长远的变化。大量海外军队，主要是加拿大和澳大利亚的军队与本地的志愿军一起驻扎在平原上进行训练。大部分军队不得不住在帆布帐篷里，或者顶多能从匆忙搭建起的木头营房中分得一个铺位。沉睡的村庄突然挤满了士兵、马匹和运货的马车，从理发店到风月场等各种生意便由此出现。

战争期间，平原上进行了最早的军用飞机试验。坠机事件多次发生，造成了一些人员死亡。初具雏形的英国皇家空军一度考虑过要把巨石阵搬走，腾出地方修建飞机跑道。但幸运的是，他们最终选择了其他更合适的地方。与此同时，基地位于布拉顿村的一家机械公司接到指令，需要研发一种通过履带在各种路况都能行进的绝密新型金属战车。由于样车巨大的车体和噪声难以掩饰，所以该公司编造了一个故事，声称他们正在制造一种能把水箱运送到平原上来给羊饮水的机器。据说，这便是“坦克”一词的出处。* 这听起来貌似有理。我们可以想象，本地人在乡村酒馆的晚上一定有了足够的话题。

1914年至1915年的冬天雨雪很多，索尔兹伯里平原的山谷洪水泛滥。许多士兵还没来得及跨过英吉利海峡去作战，就已经死于脑膜炎等疾病。可想而知，拥挤、泥泞的军营条件，为他们在西线战场的遭遇提供了良好的预演。对很多人来说，在湿漉漉的索尔兹伯里平原上的几个月训练，便是他们对英国最后的记忆。之后，他们被运送到法国战场，像牛羊一样被敌人宰杀。那些有幸活下来并在战后回到英国的人中，有很大一部分回国后的第一站也是索尔兹伯里平原上的驻地。然而那里又暴发了西班牙流感，更多的人失去了性命。平原上大多数军营附近都有军人公墓，有些墓主人死于战斗负伤，但大多数是被疾病夺去了性命。 6

第一次世界大战结束后，国家削减了军事开销，因为没

* 英语中“坦克”（tank）一词的另一个意思是“水箱”。

有人能想到在不久的将来还会遭遇另一场战争。有一小段时间，军队几乎难以为继。为了筹钱，他们甚至让士兵捕猎平原上数量众多的兔子，并把战利品卖到当地的肉店。有一段时间，平原上的军队减少了。当地人的生活本来有可能恢复正常，当然，事情并没有朝这个方向发展。

随着欧洲的动荡形势再次加剧，军队重新开始购买土地。1927年，他们购买了伊穆波尔村（只留下了教堂）。虽然土地换了主人，然而一直到第二次世界大战时，在伊穆波尔村和平原上其他地方，生活还是一如往常。但是，战争带来了更多的军队。1943年，伊穆波尔村的村民被迫转移出来，他们的家园成了美国士兵的兵营。在这里，士兵们为了诺曼底登陆展开秘密训练。最初，村民被告知，他们的家具会得到妥善保存，战争结束后就能返回家园。可惜这一天根本没有到来。村民们直到转移前几天才收到通知，他们被迫以极低的价格卖掉了他们的农用机械和牲畜，包括5 000多只羊以及70头正在产奶的牛。

以如此强硬的手段对待当地人当然很糟糕，却产生了一个意想不到的结果：这里的土地因为不再用于农业生产而得到了保护。在英国其他地方，战时自给自足的需求与农业机械化的普及重叠在一起，接踵而至的还有廉价的人造肥料与合成化学
7 杀虫剂。这些革新共同助推了农业生产方式的重大变化，其结

果是人们大规模种植单一作物，生产出的庄稼含有化学物质，野生动植物更是遭到了毁灭性的破坏。在英国南部和东部地区的南北丘陵地带，几乎所有长满野花的白垩质草地都被犁耕成了农田，或者成了“改良的”牧场。但是在索尔兹伯里平原，大部分洼地直至今天都保留着原样。无论人们如何批评军队驱逐居民、强行购买土地，军队确实在无意中创造了一块巨大的、未经官方批准的自然保护区。今天，军队在平原上占有400平方千米土地（40 000公顷）。这不是索尔兹伯里平原的全部，但是超过了它的一半面积。不管怎么说，这都算是很大的一片土地了。

从小时候参观过巨石阵后，我一直到2002年的冬天才有机会再次回到索尔兹伯里平原。那时，我是南安普敦大学的年轻讲师。南安普敦大学在巨石阵以南40千米的地方，所以距离并不算远。我已经在南安普敦附近研究了六七年熊蜂的习性。让我惊讶的是，英国的很多种熊蜂我根本没有见过，在汉普郡南部，就连最常见的草熊蜂和低熊蜂似乎也不见踪影。20世纪80年代早期发表的熊蜂分布图表明，它们应该也分布在英国南部地区。我听说索尔兹伯里平原上有一些罕见昆虫和野花，这是附近最有可能遇到这些名字带有异域色彩的罕见熊蜂的地方了。所以，在二月份一个阴沉的上午，我开车来到蒂斯伯里的军营。在进入索尔兹伯里平原之前，我必须要听取一份安全简报。

安全简报由一位中士传达。他个子矮矮的，腰有点像水
8 桶，留着很浓密的八字胡，简直就是漫画版的军人形象。他非常严厉地向我陈述了有可能遇到的各种危险，听得我感觉活着走出这片平原的希望很渺茫。他说，平原上有大量未曾爆炸的炮弹，这是100多年军事训练积累的结果。所以，他建议我只走主干道。在地上挖掘和捡拾金属物品可不是明智之举，而且也是绝对禁止的。在任何时间都不允许进入中心爆炸区，这早在我的意料之中。但是，其他地方也有可能进行实弹射击，并将通过一些旗子发出警报。他特别提醒说，在平原上开车时，最好让挑战者坦克优先通过。它们重60吨，时速超过60英里，可能会因为注意不到而从一辆家用轿车上径直碾压过去。这听起来真是个非常实用的建议。

几个月后，在六月初一个凉爽、晴朗的日子里，我再次回到平原上寻找蜜蜂。我开着我那辆略显滑稽的两座黑色丰田MR2跑车，当然不适合与坦克“正面交锋”。我穿过了被巨大的兵营占据的巴尔福德镇，沿着一条狭窄的小道向北蜿蜒前行。小道很快变成了没有铺路面的小径，深深的车辙让我的车特别不适应。我经过了一块警告牌，上面标示着我即将进入军事训练区。不过，幸运的是，我并没有见到红旗，这表示不会存在马上被炸飞或是被步枪扫射的可能。小径缓

缓上升，过了约四分之一英里后，消失在一直向北延伸的高原草地上。

索尔兹伯里平原的氛围与众不同，而且随时都在发生着变化。在这里，历史的痕迹更明显一些，变化产生的影响比 9 英国其他地方表现得更加强烈。狂风肆虐，在灰色的天空下，一切是那么昏暗、孤独。第一天上午便是这个样子，除了我站着的小径以外，几乎看不出有其他人来过的迹象。确实，现在的景象与5 000多年前树木刚刚被伐过后的样子区别不大。我把车靠边停下，拿出网子，开始步行。索尔兹伯里平原比周围的地势稍高一些，所以远处的地平线看起来像下沉了一样，越发让你觉得来到了另一个世界，远离了日常的喧嚣。起伏、开阔的草地向各个方向延展，偶尔才有一些低矮的山楂树丛和饱经风霜的山毛榉树打破这种格局。凉风阵阵，蜂儿很少，但是花开得很好。除了人们非常熟悉的草甸和低地植物，如红车轴草、白车轴草、蓬子菜、秋狮牙苣、百脉根、滨菊、金钱半日花、直立委陵菜、多蕊地榆之外，还有许许多多种我不太熟悉的花，有些我之前从来没有见过。这里生长着大量的驴食草，它们娇弱的粉色花朵在微风中摇曳着。这种豆科植物曾经作为动物饲料而被广泛种植。现在，农民们已经不需要在轮作中加入这种固氮豆类植物，所以对它们不再感兴趣。据我所知，索尔兹伯里平原是如今英国唯一有野生驴食草生长的地方。这里还有许多不同寻常的豆类植物，如岩豆、染料木、多叶马蹄豆等。草地上零星点缀着蚂蚁堆，像《神秘博士》中的戴立克一样，掩映在紫色百里香中。在小径旁受到人类活动干扰的地方，有大片的齿疗草。这是一种毫无特点的紫花，给人以骨瘦如柴的感觉。不过，它们很受蜂类喜爱。土路旁还有高高的蓝蓟和香味浓烈的黄木犀草。山楂和黑刺李丛中，偶尔会冒出几株水苏和宽萼苏。这里曾经是蜂儿的天堂，估计未来也会一直如此。

说句公道话，随着探索的深入，我发现索尔兹伯里平原也不是到处都有花。在几片耕地中，有些区域通过施肥“改善”过，有些区域被灌木侵占了，除了山楂，几乎没什么其他东西。整体来看，草原上如马赛克一般点缀着一块块开满野花的区域，有些区域的面积还很大。在这些长满花的地方，蜂类、蝴蝶、食蚜蝇能轻易地找到自己的最爱。这片平原是我在英国探索过的地方中野花最多的一处。就花的密度而言，只有外赫布里底群岛的某些沙质低地才能与之一较高下，但花的面积要小得多。

走着走着，太阳出来了，风也变小了，一只云雀开始在我的头顶歌唱起来。阴暗、荒凉变成了动人心魄的宁静与原始。随着温度的上升，兔子啃过的草皮上散发出各种草的混合味道。第一只熊蜂出现了。这是一只明亮熊蜂的工蜂，正在驴食草上采集花蜜。后来，我落入一个小坑，身边一下子围满了蜂，就连摇摆的花也起劲地嗡嗡叫着。

我本来指望能见到一些罕见的种类，但是，最初我见到的很多都是在南安普敦后院能见到的物种：红尾熊蜂、明亮熊蜂、长颊熊蜂和牧场熊蜂。我捉住一些牧场熊蜂，因为有记录说该平原上有藓状熊蜂和低熊蜂分布，而这三种熊蜂又长得非常类似，所以要仔细观察。根据书上的说法，它们都是钛锈色的，但是牧场熊蜂腹部侧面有黑色的绒毛，另外两个物种则没有。低熊蜂翅基附近长着棕色的绒毛，其中有一小簇是黑色的；它的腹部还围着一圈深棕色的绒毛，能将它与其他种区分开来。藓状熊蜂背部和侧面都没有黑色的绒毛，11
外表特别整洁，给人以天鹅绒般的感觉，有人把它们描述成“帅得像泰迪熊一样”。很抱歉啰唆了这么多细致的区别，恐怕昆虫学者的一生都得关注这些细小、无足轻重的细节特征。有时，我们还要努力去理解一些主观的评述，比如它们与令人想抱一抱的玩具之间到底有多相似。难道不是所有熊蜂都像令人想拥抱的玩具吗？不管怎样，我已经研读过所有与此相关的书了，尤其是弗雷德里克·斯莱登的《熊蜂》。这本书出版于1912年，无疑是关于熊蜂的书里最好的一本。作者在书中热情洋溢地描述了熊蜂的生活史与习性，以及英国不同种熊蜂间的细微差别。我对这些细节可以说是了如指掌。纸上谈兵并不难，但是，在实地考察中，当我把嗡嗡叫的熊蜂关进一个小玻璃瓶里时，要想看清它有没有黑色绒毛，在哪里有黑色绒毛，还真不是一件容易事，拿着手持放大镜观察也无济于事。（后来，我发现了一个小窍门：在瓶子里塞卫生纸，把熊蜂轻轻地挤到瓶壁上，让它们无法动弹。）我花了几个小时，逐一察看这些棕色的熊蜂，最后非常不情愿地得出结论：它们只是牧场熊蜂。这些稀有的熊蜂与普通的熊蜂极为相似，真是一个不幸的特征，也是一个不替人着想的特征，就好像它们非要弄得特别让人难以发现似的。

找不到稀有熊蜂物种让我感到失望，当我正要返回车里，准备再去其他地方碰碰运气时，我注意到一只感觉不太对的熊蜂：黑色的身子，红色的尾巴。乍一看有点像普通的红尾熊蜂，但细看之下，我发现它的红色和黑色都要比普通的红尾熊蜂淡一些，尾部也更尖一些。相对于红尾熊蜂的蜂王来说，它有点小，但是，相对于红尾熊蜂的工蜂来说，它又显得有点大。它的飞行方式也有些特别。这只熊蜂正在造访一
12 些被我的车轮碾压的紫花野芝麻。于是我用网子把它捕住，再装到瓶子里进一步观察。当然，它无助地嗡嗡了一会儿，后来便没劲了，安安静静地待着不动。我趁机仔细观察了它。认真察看了它的腿之后，我弄清了它的身份：它是一只红柄熊蜂的蜂王，是我要找的低熊蜂的近亲。红柄熊蜂后腿的花

粉篮上长着橙色的刚毛，而红尾熊蜂的花粉篮则由黑色刚毛构成。在近处看，两者差别很明显。我得再次向您道歉：又没忍住啰唆了一些形态方面的细节。这弱化了我的表达，使我不能把我当时激动的心情有效传递给您。这可是我第一次见到稀有熊蜂，也是第一次见到“BAP榜单”上的物种[4]。红柄熊蜂在英国东南部地区曾经非常普遍。旧的分布图上显示，这种熊蜂在汉普郡全境都有分布，在其他南部诸郡也有分布。斯莱登曾描述说它们在肯特郡很常见，但之前我一只也没见到过。

欣赏并拍照之后，我把它放了。这时，乌云再次笼罩了天空，西边开始下起了毛毛雨。我四处闲逛了一会儿，浑身都湿透了，便决定收工回家。但是，我的兴趣已经被勾起来了。如果我想见到更多稀有熊蜂物种，并进一步了解它们，那么非这里莫属。

我想要了解为什么有些熊蜂分布广泛，而有些则变得如此罕见。如果我能理解这些稀有物种的生态需求，以及是什
么导致了它们数量的下降，我应该更有可能想出拯救它们的 13
办法，阻止它们的数量继续下降，甚至还有可能让它们在已经消失的地方重新出现。我制订了一个计划，希望通过一个夏天的野外工作，至少能发现这些物种基本的生态需求。我计划在这几个月的时间里，尽可能去平原上更多的地点，每

个地点搜寻一小时。我会数一下我见到的所有蜜蜂，并辨别它们的身份。此外，我还要统计每个地方的花的种类，记录这些蜜蜂停留在什么花上，是在收集花粉、花蜜还是二者兼有。我的目的是要绘制一张普通种和罕见种的数量与分布图，并弄清它们青睐哪种花。我希望索尔兹伯里平原可以成为一个窗口，让我们了解英国100年前的样子。那时的英国大部分地方都是开满鲜花的郊野，现今罕见的熊蜂还非常常见。例如，我有可能会发现红柄熊蜂特别钟爱黄苜蓿的花粉或是水苏的花蜜，这些植物在英国的大部分地方都不太常见了。要是果真如此，倒是很容易解释红柄熊蜂数量的下降，也很容易找到解决办法：多种一些岩豆和水苏。在改善农业环境计划中，可以在农场种这些花。这样，红柄熊蜂有可能在乡下更多的地方再次出现，变成常见种。虽然生活很少像这样简单，但是我最初的想法就是这样。更何况我找到了一个完美的借口，可以在这个夏天的大部分时间里在索尔兹伯里平原上拿着捕虫网快乐地奔跑，还能美其名曰“我在工作”。

在接下来的两个月里，我见到了大多数英国罕见的熊蜂，
14 也通过午饭对本地木屋酒馆的馅饼做了一个调查。这些酒馆位于横穿平原的美丽山谷中，古色古香。在花了几个小时的工夫，恼火地盯着挤在瓶壁和卫生纸间同样恼火的熊蜂之后，我终于找到了低熊蜂和藓状熊蜂。在有些地方，低熊蜂十分

常见。多次实践之后，我几乎不用挤压就能分辨出它们的棕色斑条。让人伤心的是，我只见到了几只像泰迪熊一样的藓状熊蜂。不过，至少这里还有它们存在的踪迹。我也见到了草熊蜂，然而，和以前一样，这也费了一些力气。我需要仔细观察它们的花纹和头部的形状，从而保证我看到的不是与它们有亲缘关系但更加常见的长颊熊蜂。我也见到了英国已知六种盗熊蜂中的五种，这些熊蜂会使用一些不正当的手段去入侵其他熊蜂的巢穴，杀死蜂王，再奴役那里的工蜂。我还见到了断带熊蜂，这让我始料未及。它们或许是命名最有误导性的熊蜂了，往往没有名字中所反映的中断的条带。与之形态类似却更为常见的欧洲熊蜂通常情况下倒是有中断的条带，越老个体特征越明显。随着经验的积累，我可以通过其他细节特征区别这二者。例如，断带熊蜂白色尾部的边缘略带红色；欧洲熊蜂的工蜂尾部是白色，而非米色*，边缘则略呈棕色。（很抱歉，我又谈细节区别了——现在，你应该理解为什么很少有人擅长辨认熊蜂了。）断带熊蜂主要分布于英国北部和西部的山区，这就是为什么我很意外会在这里见到它们。原来，在索尔兹伯里平原上存在着一些离群的断带熊蜂。之所以说它们离群，是因为这个栖息地实在是太与众不

* 欧洲熊蜂在英语中的俗名为buff-tailed bumblebee，直译为“有米色尾部的熊蜂”。

同了。这种熊蜂没有出现在“BAP榜单”上，但很多人认为
15 它们应该被列入这个榜单，因为在过去的50年里，它们的数量大大减少。现在，索尔兹伯里平原已经成为苏格兰以南地区唯一生存着大量断带熊蜂的地方了。

在平原上探索时，我顺道参观了伊穆波尔村。现在，它已经变成一个阴暗、毫无生机的地方。教堂被保留了下来，每年都要举行仪式。但是，其他老房子并没有得到保护，任由它们在岁月的流逝中变成了断壁残垣。木质结构的草泥房子已经腐烂倒塌，重新融入了平原。为了防止倒塌，砖房的茅草屋顶已经被替换成了锈迹斑斑的瓦楞锡支持结构，因此它们还能在模拟巷战中发挥作用。这些房子的窗户变成了黑洞洞的窟窿，张着大嘴朝向曾经的街道。现在，很难想象人们住在这里时熙熙攘攘的样子。

八月初，军事训练暂停了两个月，我趁此机会潜入平原中心附近的“轰炸区”。位于几英里外拉克希尔山上的炮兵营经常轰炸这里，使方圆几百米的区域形成了月球表面陨石坑般的景观，表明他们的炮打得还不错。弹坑催生了一些适合在耕地上生长的杂草，如新疆白芥和罂粟，它们通常是犁地后冒出来的。这片坑坑洼洼的区域周围生长着茂密的灌木。由于显而易见的原因，这个地区不可能有羊之类的牲畜。四周的山楂树丛中，分布着很多獾窝。可想而知，肯定不时会

有獾被炸得粉身碎骨，或许还有一些会因为经常遭受噪声影响而损伤听力，但明显这些都不能阻止它们继续在这里生活。因为没有人在这里放牧，这片区域正在慢慢恢复成6 000多年前林地的样子。参观一个几乎无人涉足的地方让人陶醉，但也有点让人胆战心惊。或许在英国，像这样的地方仅此一处。有人可能会说应该把灌木丛砍掉，因为它们抢占了花和昆虫 16
开阔的栖息地。不过从另一方面看，看着大自然通过自己的演化进程缔造变化总是好事一桩。

直到八月末，我才体验到最令我激动的寻蜂活动。尖叫熊蜂无疑是英国最濒危的熊蜂，它们的名字来源于飞行时发出的独特的高频嗡嗡声。那时，我都几乎要放弃希望，感觉不会找到这个物种了。尖叫熊蜂曾经在英国的南部和东部都有分布，但是随着多花草地被破坏，它们的数量急剧下降。现在，只有几个地方还有它们的身影，索尔兹伯里平原是其中最有名的一个。与其他熊蜂不同，尖叫熊蜂身上的颜色搭配非常独特，体色灰棕，胸部有一道黑色的条纹，尾部略微发红。这听起来可能没什么让人激动的，但是至少这是它们的不同之处。我敢肯定，如果我见到它们，我一定能认出来。夏天一天天过去了，我多次去往索尔兹伯里平原，却连一只尖叫熊蜂都没有见到，不禁怀疑它们已经在这里绝迹了。一天傍晚，当我正在平原东部边缘检查一片蓝蓟时，一只个头很小、叫声很尖的蜂在我周围飞来飞去。在平原上探索的过程中，我曾经遇到过几次这样奇怪的情景。这种情况很少见，主要发生于我站在开阔地带的时候。蜂儿会在我的头顶绕着小圈盘旋三四次，然后迅速飞走。我感觉自己是平原上的新地标，正在接受它们的检查和调查。[5]不管怎样，在此情况
17 下，我都会用我的捕虫网猛挥一通。然后，更多的是靠运气而非判断力捕捉到好奇的熊蜂，把它塞进瓶子里。看看，快看看！这居然是一只尖叫熊蜂的工蜂，它一副疲惫不堪的样子。到了夏末时，我又见到了两只尖叫熊蜂，一只是工蜂，另一只是雄蜂。后者的颜色更加鲜艳，长得非常漂亮。

在许多方面，探索索尔兹伯里平原的收获不只在于蜂类，还有其他的野生动植物。除热带地区以外，我几乎没有在其他地方见过这么多蝴蝶。我第一次来这里的时候，便见到了许多金堇蛱蝶。这种蝴蝶非常罕见，而且正在不断减少。它们橙黑相间的翅膀有点像跳棋棋盘。后来到了夏季，蝴蝶更多了。成群的克里顿眼灰蝶、欧洲白眼蝶、天蓝色的白缘眼灰蝶在阳光中泛着微光，伪装高手棕眼蝶与银斑豹蛱蝶在微风中越飞越高，南洋眼蛱蝶在花丛中不知疲倦地奔忙着，还有很多其他的蝴蝶在这里繁衍生息。索尔兹伯里平原上的鸟类也非常丰富，其中包括两种英国最罕见的鸟。但是，我在
18 这里只见到了其中的一种——石鸻。它长得有些笨拙，亮黄

色的眼睛略微外突，体形和鸡差不多，却长着一颗大脑袋，让人感觉不成比例。我很幸运，看见了一对石鸻在刚犁过的地里阔步而行。我正要靠近仔细观察，却被它们发现。两只鸟儿发出一声悲鸣，然后迈开修长的黄腿，迅速跑开了。我没有看到第二种罕见的鸟类——大鸨，因为在2002年时，它们在索尔兹伯里平原上根本不存在。不过，后来它们回到了这儿。这是一个真正得到践行的再引入项目的结果。大鸨是一种奇怪的生物，长得有点像松鸡或火鸡。不过，从亲缘关系上来看，它们更加接近鹤。大鸨是世界上最重的飞行鸟类，雄鸟体重能达到20千克，高一米多。或许它们也是最可笑的鸟类。为了吸引雌鸟，雄鸟需要进行奇特的表演。它们会往颈部的气囊里充气，使其变得膨胀；下颌部的羽毛指向天空，翅膀向上翻转，并将巨大的白色尾巴往前折向头部。这些动作都是同时进行的。野生动物电视节目主持人克里斯·帕克汉姆对它们的描述十分令人难忘："它们就像穿着芭蕾舞短裙的牧师。"它们会保持几分钟，时不时地还要抖动一下羽毛，显得更加投入。如果这个难受的姿势还显得不够蠢的话，它们还会发出愚蠢的叫声来加以配合，那叫声就像是在打喷嚏的同时放屁。如果你是一只雌性大鸨，这些动作加起来应该足以吸引你的注意了。看在雄鸟的分上，希望如此吧。

大鸨栖息在开阔地带，一度生活在威尔特郡和东安格利亚地区。在国外，俄罗斯的草原曾经是它们的家，东欧和西班牙的平原地区也有它们的身影。巨大的体形让它们不可避免地成了猎人的目标，所以在很多地区，它们早已灭绝。在英国这样拥挤的国家，它们的生存机会非常渺茫，尤其是在
19 捕猎盛行的19世纪。1832年，英国最后一只大鸨被猎杀。猎人们肯定知道大鸨在逐渐消失，他们只是控制不住自己。172年后，在2004年，一些志愿者从俄罗斯引进大鸨雏鸟，开启了一个再引入项目。能引进的鸟儿数量非常有限，因为耕地中的鸟巢只有在人们收割庄稼、有被毁的风险时，才有可能从中把蛋取走，再在笼子中把鸟儿养大。每年，志愿者们大约会释放20只雏鸟。截至2009年，有些被释放的鸟儿已经长大，孵化出了英国180多年以来的第一批野生雏鸟。但不幸的是，它们没有挺过接下来的冬天。成鸟的生存率同样不容乐观。年轻的鸟儿会遭受其他动物的捕杀，而且经常撞到栅栏上。几年前，我曾去过释放区。当时，一位工作人员解释说，这么重的鸟儿需要小角度起飞和降落。而在这个过程中，它们经常会撞到铁丝栅栏，因为等它们看到栅栏时，已经来不及躲开了。不过，好消息是它们似乎有充足的食物。所有从栅栏旁捡回来的尸体健康状况都很好——只不过已经死了。

拯救大鸨的再引入项目一直持续到现在，我也参与了一个将短毛熊蜂再引入肯特郡的项目。相似的是，这两个项目

的最终结果都是未知。研究显示，西班牙的大鸨与原来生活
在英国的大鸨基因最接近，所以，现在回归项目中释放的大
鸨都来自西班牙。还有另外一种猜测：来自俄罗斯的大鸨在
冬季有一种向南迁徙的本能，以至有些鸟儿离开释放地点后，
到了一些不太适合的地方，因此存活下来的概率很小。现如
今，在索尔兹伯里平原上，来自西班牙和俄罗斯的大鸨混居
着。我真纳闷，当西班牙的雌性大鸨听到俄罗斯的雄性大鸨 20
鼓着气发出带有异国腔调的喷嚏声时，它们会作何反应。不
幸的是，据我所知，没有一只在英国本土出生的大鸨雏鸟能
够熬过冬季。最近，有人发推文说看见五只雄性大鸨飞过巨
石阵。那场面该有多美呀！或许有一天，一个能自行繁衍的
种群将会建立起来。但是，如果它们依然不能掌握垂直起飞
和降落技巧的话，我怀疑这将会是非常小的一个种群，在濒
临灭绝的边缘苦苦挣扎。

在索尔兹伯里平原栖息的生物中，我最喜爱的非熊蜂类生物是丰年虫。它们比大鸨要小得多，与坦克有着密不可分的关系。有人曾经建议我去寻找这类生物，所以，在抵达平原的第一个夏天，我就兴奋地在经过的每一处小水坑中仔细寻找。你可以想象，每到下雨的时候，坦克都会在平原的泥土上碾压出许多车辙，形成大量灌满雨水的大坑。春末时，积水越来越少，变成豌豆汤一样的绿色，完全失去了流动性，

这是寻找丰年虫的最佳时机。我再次去索尔兹伯里平原时，第一次见到一只丰年虫。它半透明的身体呈棕绿色，有三四厘米长，仰面朝天地躺在水中，利用它数不清的腿非常有节奏地在贴近水面的水下前行，黑色的眼睛从头部两侧的眼柄上突出来，长长的尾部有个分叉。总的来看，它是一种很古怪的生物。然而我靠得太近了，以至它钻入浑水深处消失不见。不过，几分钟后，它又浮上来。它们在平原上非常常见，
21 但我总是看不够。令人痛心的是，在英国，你一定能找到它们的地方并不多。临时水坑常常被填平，没被填平的水坑又受到了污染，这让它们在英国西南部地区幸存的种群数变得屈指可数。但是，在索尔兹伯里平原上，坦克的活动给它们提供了充足的栖息地和运动方式。丰年虫是非常特异化的生物，它们没有任何对付鱼、蜻蜓稚虫等天敌的防御手段，所以只能趁着捕猎者还没来得及到达那里时就在短时间存在的水坑中生存。冬雨填满这些水坑时，丰年虫的卵孵化出来，并在春天飞快地生长。它们用数不尽的腿在水中过滤藻类和细菌充当食物。在夏季水坑干涸之前，它们会完成发育过程并产下卵。这些卵能在水坑干涸时存活下来，在平原的泥土中等待着雨水再次到来。如果孵化条件不好，这些卵能存活很多年。在过去，这些卵混在夏天逐渐干涸的泥泞中，被野牛、野猪等大型哺乳动物的腿和身体带到别的地方。野猪不

断翻动泥土的行为可能也为它们创造了得以生存的临时水坑。我想，在英国全境，马和马车在未铺的路面经过时都有可能创造适合丰年虫生存的栖息地，不过如今，土路都被沥青路面取代了。现在，至少在索尔兹伯里平原上，让泥土飞溅的坦克和其他军用车辆有效地完成了这一工作。虫卵沿着车辙传播开来，大部分适合它们生存的水坑里都出现了它们的身影。军用车辆与微小、脆弱的丰年虫之间这种偶然的协同关系成了平原上军队与野生动植物之间关系的缩影。1897年，军队购买这片土地时，并没有打算创建一处巨大的自然保护区。我们可以想象，这根本不是他们在意的东西。可是，自 22
然保护区还是出现了。虽然军队的初衷是要创建一片训练区域，但是现在，他们对于野生动植物的需求也非常敏感。他们已经适应了自己的新角色：平原上珍稀动植物的守护人。有些军人也是野生动植物的爱好者，除了乘着坦克冲锋陷阵和练习互相射击以外，他们还利用业余时间记录蝴蝶和花儿的种群，绘制物种分布图。

我们回过头来接着说蜂类。你可能会想知道，我到底在平原上发现了什么，以至让我激动万分。你或许还记得，我来此的目的是要了解罕见熊蜂的生态需求，尤其是了解它们喜欢什么花，以便最终能更好地保护它们。最后，我制作了一张巨大的电子表格。纵列是不同的花，最上边一行是蜂类名录，中间有大量的数字，表明有多少只蜂儿到访过那些花。当然，我积累的大部分记录都是常见的熊蜂，尤其是红尾熊蜂。在索尔兹伯里平原上，红尾熊蜂数量众多。在我记录的蜂类中，大多数都只拜访少数几种植物：蓝蓟、红车轴草、驴食草、草木樨、矢车菊、齿疗草、百里香。令人沮丧的是，罕见物种的数据非常稀少。即使在西欧野花最多的索尔兹伯里平原草地上，罕见熊蜂仍然非常难见到。对于尖叫熊蜂，我所有的数据如下：一只黑色的雄蜂曾到访过宽萼苏；一只工蜂到访过齿疗草；另一只工蜂曾在我的头顶盘旋。我根本不能勾画出这个物种完整的觅食行为，当然也无法得出后续要在英国全境种植齿疗草和臭夏至草的结论，虽然这还不算是最糟的情况。同样地，我只见过两次草熊蜂，三次红柄熊蜂，四次藓状熊蜂。相较于一个夏天的忙碌来说，收获实在
23 太少了。不过，对部分其他种类的罕见熊蜂，我记录了稍多的可靠数据。有充分的数据表明，低熊蜂似乎对豆科植物情有独钟，它们主要造访红车轴草、驴食草、草木樨和百脉根。还有数据表明，断带熊蜂主要造访驴食草、齿疗草和田野孀草。

在平原上考察的最后一天，我一边大口地吃着在这里捕捉的梭鱼（人不能总是吃馅饼呀），一边看着潦草的笔记本，回顾了一下这个夏天的收获。总的来说，这是一个有趣的开

端，过来看看这些能飞行的稀有之物本就是一桩美事。很明显，我还得做更多的野外工作才能进一步了解这些难以捉摸的生物。我需要找到一些罕见熊蜂的栖息地，在那里它们仍然和斯莱登时代一样常见。不过，这显然并不容易。 24

第二章
本贝丘拉岛和卓熊蜂

地球上没有天堂，却有天堂的碎片。

——朱尔斯·雷纳

当我们乘坐的18座双螺旋桨飞机在轰鸣声中向右倾斜，去寻找本贝丘拉岛上的跑道时，我正在低着头看一本讲述加勒比地区风光的旅游手册——蓝绿色的海水如水晶一般透明，包裹着熠熠发光的新月形白色沙滩；岸上的沙丘繁花似锦，黄色、紫色、红色的花儿竞相绽放。虽然没有椰子树，但是其他所有画面都让人感受到一座亚热带岛屿的风情。你可以在这里放松一周，享受阳光、凤梨奶霜酒和雷鬼音乐。几分钟后，当我走出飞机，刺骨的风让我回到了现实——这里不是安提瓜岛。*

* 安提瓜岛是加勒比海的热带岛屿，为英联邦成员国安提瓜和巴布达的主要岛屿之一。本贝丘拉岛是英国本土西北边缘的岛屿。

本贝丘拉岛的机场非常小，但至少还有跑道。如果你飞去附近的巴拉岛，那你的飞机就得在沙滩上降落，而且还得趁着退潮的时候着陆。这里是不列颠群岛最偏僻的角落，属于北大西洋上一条地势较低的岛链——外赫布里底群岛，距离苏格兰西海岸60千米。2005年8月，我带着任务来到这
25 里：寻找卓熊蜂。它的学名是*Bombus distinguendus*，与尖叫熊蜂同为英国最罕见熊蜂之一。

100年前，卓熊蜂在英国境内随处可见。在南方，它们的数量并不算多，但是从康沃尔郡到萨瑟兰郡，从诺福克郡到彭布罗克郡都有关于它们的记录。它们在北部地区更常见，这似乎表明它们虽然不喜欢高原地区，但更偏爱凉爽、湿润的地方。不幸的是，卓熊蜂在20世纪遇到了麻烦。从1940年开始，在南方地区，卓熊蜂的数量开始下降，就连索尔兹伯里平原上长满鲜花的山区也不足以维持它们的生存。40年内，它们已经从英格兰、威尔士全境和苏格兰本土的大部分地区消失。20世纪末，它们仅仅分布于赫布里底群岛和奥克尼群岛，在凯思内斯郡和萨瑟兰郡边远的北海岸地区也有零星分布。现在，最稳定的种群生活在外赫布里底群岛中心的尤伊斯特群岛上。这其实是两座岛屿，由南尤伊斯特岛和北尤伊斯特岛构成，中间还夹着本贝丘拉岛。我来此当然是为了能见到卓熊蜂，更多了解这种英国最罕见的熊蜂，或许还能做

点什么，帮助它们免遭灭绝的厄运。

我的博士生本·达维尔来机场接我。他已经在赫布里底群岛花了两个夏天研究那里的熊蜂，并提取它们的DNA样本。他正在调查这些被分割的岛屿种群是否受到了同系繁殖的影响，即由于种群过小、基因交流被阻断导致的遗传多样性逐渐丧失的现象。本开着他的大众露营车来到了这儿。这辆车 26 太老了，又很潮湿，车窗处长满了苔藓，偶尔还有一些小的菌菇冒出来。这便是我们未来一周住宿的地方。

我原以为要费很大工夫才能找到卓熊蜂，因为寻找罕见的濒危物种需要投入极大精力，毕竟，我当初花了将近两个月的时间才在索尔兹伯里平原上见到第一只尖叫熊蜂。但是，那一年，在尤伊斯特群岛上，卓熊蜂随处可见。这反倒有点让人失望。我在距离机场30码[*]的地方便见到了第一只卓熊蜂。它是一只工蜂，正落在那些围绕院子的蔷薇篱笆上，在粉色花朵的雄蕊中奔忙着，发出高频的嗡嗡声振落花粉。我异常激动，担心它会是我这次行程中见到的唯一一只卓熊蜂，所以花了很长时间从各个角度对着它拍照。不过，我要承认它有点名不副实：它的个头并不大，而且也不够黄，管它叫“中等稻草色熊蜂”似乎更合适些。[**]当然，这有些拗口。不

* 1码=0.914 4米。——编注

** 卓熊蜂在英语中的俗名为great yellow bumblebee，直译为“大黄熊蜂”。

过，卓熊蜂是最容易辨认的熊蜂之一。它通身黄褐色，只有胸部中央有一圈黑色的带子，还是挺漂亮的。

我们从本贝丘拉岛出发，一路向南，离开了机场附近那一群丑陋的混凝土建筑。这个地区的美景再一次震撼了我。我们的右侧是一连串完美的白色沙滩，沙滩上一个人也没有，太阳在海平面的边缘闪闪发光。在我们左侧，长满了紫色欧石南的远山缓缓隆起。我们穿过一片沙质低地，这里正是卓熊蜂幸存的秘密所在。沙质低地是世界上最罕见的栖息地之
27 一，由破碎的贝壳沙粒堆积形成，几乎只分布在苏格兰和爱尔兰的西部地区。数千年来，海洋的运动把这些颗粒抬升到地面，然后风化成贝壳沙粒平原。海滩上的沙丘为这些平原遮挡了盛行的西风，把细小的沙粒留了下来。贝壳沙粒天生就是碱性的，很难保留营养物质。结果，所有的营养物质都被频繁到来的雨水冲刷走了。再往内陆方向，基岩抬升形成了低矮、古老的山丘，上面覆盖着一层酸性的泥煤，由此滋养了苔藓和欧石南这两种苏格兰大部分地区更为常见的高沼植被。这片沙质低地是一条狭长平缓的陆地，最宽处也不超过一两千米。它们分布在岛屿的西部海岸，夹在西侧的沙丘、大海与东侧的丘陵之间。

一片由营养贫乏的沙地构成的平原听起来并不是什么很有意义的地方，但这片平原上却生长着数量众多的野花，多

种蜂和其他野生动植物在这里茁壮生长。让人意想不到的是，野花在营养匮乏的地方却能枝繁叶茂。豆科植物是这里的优势类群，它们的根瘤上充满了固氮的根瘤菌，因而能够从空气中吸收氮，并转化成对形成蛋白质至关重要的硝酸盐。其他大部分草本植物就不能做到这一点，所以它们在这片沙质低地上生长得特别缓慢，由此给豆科植物留下了阳光和充足的生长空间。当我们驱车向前时，我们发现道路两侧长满了红车轴草、白车轴草、广布野豌豆、岩豆、百脉根等植物。这些植物在索尔兹伯里平原上也大量生长，而且都受到不同种类熊蜂的喜爱。如果熊蜂想要寻觅天堂，那一定就是这里了。

我们把车停在路边，漫步在齐膝高的花丛中，捕虫网和相机早已准备就绪。在我到达之前，这里一直在下雨，本已
经在他长满苔藓的车里熬了几周。在本贝丘拉岛，一旦下起 28
雨来，你就没什么可做的了。我太走运了，我在那儿的时候，天气特别好，万里无云，太阳非常努力地照耀着大地。不过，天不会很热，因为在这个纬度，太阳不会升得很高。一只短耳鸮飞掠而过，似乎在搜寻老鼠。多数猫头鹰很少在白天捕猎，但对短耳鸮这种猫头鹰来说却是正常现象。或许是因为在这个纬度，夏天的夜晚太短了，所以它们需要在白天活动。在行走的过程中，我们的脚步打扰了数百只正忙着采集花粉

和花蜜的熊蜂，它们倒是懂得抓住短暂的阳光。尤其让我激动的是，我见到了很多藓状熊蜂。这种熊蜂在英国本土非常罕见，我在索尔兹伯里平原上就发现，在野外环境里很难把它们与牧场熊蜂和低熊蜂区别开。在外赫布里底群岛就没必要担心这个问题，因为这里没有其他两种熊蜂。不管怎样，外赫布里底的藓状熊蜂与英国本土的藓状熊蜂长得并不相同。它们为什么会有区别，我们不得而知。但这里的藓状熊蜂有着栗色的胸，黑色的腹部，配上它们“像泰迪熊一样”的外表，看起来非常漂亮。我也没有办法解释为什么在外赫布里底群岛的大部分地区，藓状熊蜂反而是最常见的蜂，与欧洲其他地方的情况正好相反。在这里，它们似乎是优势种，是更有力的竞争者。而在英国的其他地方，它们都不可避免地成为罕见物种，挣扎在灭绝的边缘。

藓状熊蜂并非赫布里底群岛唯一拥有独特颜色的熊蜂。我们也见到了欧石南熊蜂。一般情况下，欧石南熊蜂的蜂王
29 个头很小，身体有三圈黄色的色带，尾部呈白色。但在这里，它们的蜂王个头很大，尾部呈棕红色。起初我非常困惑，因为它们的外表和英国多数地区常见的欧洲熊蜂的大个蜂王很像，但是，我知道赫布里底群岛并没有欧洲熊蜂分布。

我们在那片花海中待了一下午。大部分时间里，我都趴在地上，握着相机，随时准备拍照。我偷偷地接近卓熊蜂和

藓状熊蜂，小心翼翼地尽量少踩坏花儿。它们大部分都是工蜂，但即便是已经到了八月，我也见到了几只蜂王。这里的季节开始得很晚，大部分蜂王会一直冬眠到六月份。卓熊蜂蜂王的个头还不足以配得上它们的名字，但它们真的漂亮极了。我那天照的相片有些特别好看，这主要是因为运气，倒不是我的判断力好。熊蜂保护基金会把其中的一些相片用于它们的宣传品，有一些也出现在我撰写的有关熊蜂的书籍封面上。每次见到这些相片，我都能想起当时的情形：顶着赫布里底的太阳趴在花丛中，周围围着嗡嗡叫的蜂儿。

接下来几天，我们前往南尤伊斯特岛的南端，又返回北尤伊斯特岛的北端。在这期间，我们把见到的东西一一记录下来，仔细辨认不同蜂儿造访的野花种类，以便把数据补充到我们的资料库中，并对这些蜂进行基因取样[6]，尽可能多地拍照记录。我很惊讶这里的植物群落与索尔兹伯里的如此相似，大部分常见的野花都一样。要知道，二者在气候和地质上差异巨大。事实上，我的惊讶也是多余的。这两处栖息地的土壤都比较贫瘠，排水良好，均由古老海洋生物的钙质贝
壳形成。要不是远处的海浪声和一直都让人冷飕飕的气温， 30
你或许真的以为到了索尔兹伯里平原或是南部丘陵某片长满鲜花的原生草地。除了许多豆科植物外，这里还有很多矢车菊。这种高高的紫色花朵颇受雄性熊蜂的喜爱。或许是因为

它们的花朵很大，茎很结实，可以为雄蜂提供一个完美的平台，让它们在这里悠闲地吸吮花蜜，再钻进去寻找伴侣。这里还有大量半寄生植物小鼻花。它们寄生在草上，从草根部吸收营养。[7]也有一些在农耕中长出的杂草，如南茼蒿、罂粟和麦仙翁。最近几十年，这些杂草在这里生长得很艰难，因为它们是一年生植物，只有每年的翻耕和收割才能让它们繁衍下去。过去，庄稼地里经常长满了矢车菊和红色的罂粟花，杂草的种子经常会混入第二年需要耕种的谷物里，这样，人们便无意中把它们传播到了其他地方。即便这些耕地闲置一年，这些杂草也会非常繁盛。它们会大量开花，把种子散播出去。这些种子可能会在土壤中静静地等待几年之后再发芽生长。罂粟花的种子尤善于此，它们可以几十年都处于不活跃的状态，静候合适的时机。现代的种子精选技术可以把不需要的杂草种子都剔除出去，与此同时，大部分禾谷类庄稼都会喷洒除草剂，从而杀死所有阔叶植物。所以，在绝大多数耕地中，杂草的数量急剧下降。在英国，有些杂草已经灭绝了，如黄鼬瓣花和柴胡。很多杂草的数量出现下降，还有些在灭绝的边缘挣扎，如麦仙翁、鬼针草、穿叶异檐花、红
31 侧金盏花等。它们除了拥有这么新奇的名字，当然也同样值得我们去拯救。

沙质低地少有农业活动，因此耕地杂草在这里比较常见。

这个地区的农场被称为克罗夫特小农场，通常位于住房附近，面积很小，周围还有篱笆围着。这里的传统住房是低矮的石屋，砌着超厚的石头墙，里面通常只有一两间屋子。不过，这些房屋大部分被现代化住房取代了。克罗夫特小农场的农场主往往也拥有并管理着一部分更为广阔的沙质低地和沼泽。到了冬季，他们一般会在沙质低地上放羊。夏季时，他们便把羊群赶到山上。沙质低地偶尔也种植小片的庄稼，如马铃薯、燕麦、黑麦，传统做法是从海滩上弄来海草充当肥料。在收割后，这些小地块通常还要闲置一两年。由于偏远且地块狭小，人工化肥和杀虫剂在这里并未得到广泛应用，使用率比本土要低得多。鸟瞰沙质低地平原，你可以看到小片的庄稼与闲置年份不同的休耕地块交织在一起，背景是长满车轴草的牧场。它提供了一个越来越罕见的例子，证明人类活动可以促进野生动植物的发展，创造出的栖息地形成了漂亮的马赛克图案，同时也实现了丰富的生物多样性。

看看现如今卓熊蜂的分布图，你可能会找一个借口说它们是适合沿海生存的物种，因为距离海岸8 000米之外的地方根本没有种群分布，更别说更远的地方了。甚至有人认为，它们是仅仅生活在沙质低地上的物种，因为它们在这样的地区确实最为常见。然而，略加思索，你便可以发现这明显不 32
是事实。早先的记录表明，卓熊蜂过去曾分布在英国的全境，例如沃里克郡就有卓熊蜂分布的记录，而那里并没有广阔的海岸线和沙质低地。在欧洲，波兰南部就有卓熊蜂分布，但距离最近的海岸也有1 000多千米。并不是卓熊蜂偏爱沿海地区，而是它们赖以生存的花只在这种环境里大量生长。至少在英国北部，在这个物种最适宜生存的地方就是这种情况。

我们不太清楚为何卓熊蜂如此罕见。在尤伊斯特群岛观察过之后，马上就能发现它们对于花的种类并非特别挑剔。与其他熊蜂比较起来，它们的喙相对较长，所以它们能在花蜜藏得较深的花朵中觅食，如小鼻花、岩豆、广布野豌豆、红车轴草、矢车菊等，但是也会不失时机地去拜访其他的花，我就曾经在家里庭院中种的玫瑰花上见到过它们。它们对于巢穴的位置也并不挑剔，仅有的一些记录（有些还要感谢我们曾经专门训练过的一条嗅探犬）显示它们经常在旧兔窝里做巢。在英国大部分地区，旧兔窝可多得是。不过，卓熊蜂喜欢的多花草地比100年前少多了。当时，英国有许多专门为晒制干草而存在的草地，也有很多白垩丘陵。但是，我们还没有令人信服的证据来说明为什么和其他熊蜂相比，卓熊蜂受到的环境影响要更大。长颊熊蜂是另一种喙较长的熊蜂，现在，它们在英国全境仍然很常见。根据我们多年来的数千条记录，长颊熊蜂和卓熊蜂几乎在相同种类的花上取食。很
33 明显，对花的偏好并不能完全解释为什么有些熊蜂更易受到

栖息地消失的影响。

（至少对于野生动植物来说）不幸的是，克罗夫特小农场的生产方式正在发生改变。大部分农场主都超过60岁了，他们后继无人，因为他们的孩子通常都不会选择追随他们先辈的脚步。克罗夫特小农场的生活很艰难，传统的小农场并不能供养一个家庭，大部分农场主还需要有兼职的工作来贴补家用。即便这样，他们的日子仍然很清苦。这些小农场只能收到小笔的农业补贴，大笔的补贴都被分配到欧洲其他地方那些较为富有的农民手中了。所以，小农场主并不是一个诱人的职业选择。今天成长起来的孩子都在看电视、上网，并且意识到生活并不一定意味着要在世界的边缘勉强度日。他们也渴望酒馆、俱乐部、商店以及各种各样的刺激，这当然没错。所以他们选择了离开，去追求格拉斯哥和伦敦灯红酒绿的生活。慢慢地，小农场被废弃了，耕地杂草也失去了生存的空间。没有了冬季羊群，沙质低地的植被越来越高，错落的灌木成了这里的主要植被，地上覆盖了一层厚厚的枯草和其他植物，各种开花植物慢慢衰落了。

尽管有些小农场被遗弃，但还有一些小农场被收购，整合成了主要用于放牧的大集团。到了夏季，人们不再把羊赶到山上放牧，因为这样做太耗时间，而且羊群也不好照看。所以，在整个夏天，沿岸沙质低地上的羊群密度都很大，而这对蜂类来说是灾难性的。羊喜欢啃食嫩芽，在这种情况下，牧草没办法长高，几乎没有什么植物能开花。这样，授粉昆虫就失去了食物来源。

赫布里底群岛另一标志性的生物——秧鸡也受到了农业
34 活动变化的影响。这个物种与卓熊蜂有着类似的经历，它们在英国的数量同样也在急剧下降。这种奇怪的鸟类与黑水鸡有亲缘关系，它们喜欢在高草中筑巢，谷物田、为晒制干草而种植的草地、没有被牛羊啃食过的沙质低地等都是理想场所。它们看起来并不是特别地漂亮——个头和矮脚鸡差不多，身上长着浅黄褐色和赤褐色的羽毛，深色的斑纹给它们提供了理想的伪装。以前，它们在英国非常常见，但是现在数量却急剧下降，这是因为新的庄稼种类和化肥的使用提前了庄稼收割的时间。和栖息在开阔田地的大鸨一样，没等秧鸡的雏鸟长大，庄稼就已经被收割了。割草机从成千上万的鸟巢上轧过，毁掉了鸟蛋和雏鸟。晾晒的干草只能在夏季收割一次，而青贮饲料[8]从春到夏可以收割好几次，对秧鸡来说，这种从干草到青贮饲料的转换简直是灭顶之灾。在爱尔兰北部，曾发起过一项鼓励种植青贮饲料代替晾晒干草的运动，还鼓励人们养羊。这导致在1988年至1991年的三年中，秧鸡数量就减少了八成。赫布里底群岛是秧鸡在英国的最后一个据点，但是岛上也只剩几百只了。它们非常胆小，极少离开高草，所以在那次旅行中我一只都没有见到。不过，幸运的是，在那之后的一年春天，当我到访内赫布里底群岛的奥龙赛岛时，我听见过它们的叫声，偶尔也能见到它们。奥龙赛岛完全由英国皇家鸟类保护协会管理，目的是要保护红嘴山鸦和长脚秧鸡等珍稀鸟类。仲春是长脚秧鸡交配的季节，这时，它们刚从非洲迁徙回来。雄鸟发出干涩的嘎嘎声，试图唤起雌鸟 35
的注意。这声音不像是鸟儿的叫声，倒更像是巨大的蝗虫。与大鸨不同，雄性长脚秧鸡非常害羞和保守，它们通常躲在遮蔽很好的地方发出叫声，而且往往是在晚上。在奥龙赛岛，它们整晚叫个不停，以致我需要几杯拉弗格威士忌才能入睡。

抱怨那些导致长脚秧鸡和卓熊蜂死亡的变化毫无意义。世界总是要往前走，传统方式不可避免地会慢慢消失，找出办法继续前行才是社会面临的挑战。我们可以加大对传统方式的补贴力度，比如给克罗夫特小农场主付钱让他们继续以前的生活方式，从而保持传统的农业形式，保护与此有关的野生动植物。这会花费纳税人的许多钱，而且有一个风险——创造出一种迪士尼动画般的恶搞版奇异乡间生活。而另一方面，如果我们任由克罗夫特小农场的生活方式自行消失，那么沙质低地上一些独特的野生动植物也可能会随之消失。皇家鸟类保护协会现在管理着赫布里底群岛的大部分地区，其中包括北尤伊斯特岛上面积相当可观的一块区域以及岛上数量众多的资源。他们正在与当地人密切合作，但愿他们的行动能够保留这座岛屿的一些特色和生物多样性。

至少现在看来，卓熊蜂和藓状熊蜂似乎已经能够在尤伊斯特群岛上繁衍下去。然而，它们还面临着其他威胁。这些种群的隔离程度很高。过去，在内赫布里底群岛和英国本土都有种群分布，这便有机会为这里的种群输入“新鲜血液”：来自外部的基因。现在，这些外部基因的来源没有了。这些种群很有可能会慢慢受到近亲繁殖的影响失去遗传多样性，
36 最终导致在赖以生存的栖息地仍然存在的情况下逐渐灭绝。
这正是本来到这里研究的内容。为此，他从赫布里底群岛不同岛屿上收集不同种类熊蜂的DNA样本，调查遗传多样性的保留状况，并且推测蜂类在不同岛屿间迁徙的频率。

我们尤其渴望从生活在莫纳赫群岛上、地理隔离程度最高的熊蜂种群中提取样本。站在北尤伊斯特岛上，影影绰绰地可以看见位于西边地平线上的莫纳赫群岛。它们是一组海拔很低的岛屿，位于外赫布里底群岛以西10千米，更深入北大西洋。目前，这些岛屿上无人居住，也没有什么交通工具，所以，我们不太确定怎样才能到达那里。

在尤伊斯特群岛和本贝丘拉岛上采集蜂类基因样本和收集不同物种的生态信息时，我们向遇到的少数几个本地人打听去莫纳赫群岛的路。一连几天，我们一无所获。不过，谈

话还是很有意义的，我们听到了当地人可爱、柔和的口音。
在我听来，他们说的应该是苏格兰高地和南爱尔兰语的一种
混合语。相比英语，这里的许多人更喜欢说自己本土的盖尔
语。事情终于在本贝丘拉岛上的五金店里有了转机。五金店
的店主个子很高，一副饱经风霜的样子。他向我们介绍说自
己叫罗纳德·麦克唐纳。听到他的名字，我差点笑出声来。
我猜想，他可能已经习惯了人们的反应。他要是没有一个红
色大鼻子的话，那还没那么可笑。罗纳德碰巧认识一个叫唐
纳德·麦克唐纳的人，不过并不是他的亲戚。唐纳德·麦克唐
纳在莫纳赫群岛上养着一群羊，时不时会过去看看它们。店
主非常热情地在电话本上为我们查找唐纳德的电话。这比预
想的时间要长，毕竟本贝丘拉岛的电话本只是一本小册子，
比英国本土地区足以拿来作门挡用的电话本薄多了。尽管如 37
此，麦克唐纳这部分还是占了好几页，“麦克唐纳，D”也有
几十个。最终，我们找到了电话号码，但是没人应答。我们
一直打了几天才终于有人接了电话，没想到却走进了一个死
胡同——唐纳德最近出去照看他的羊群了，暂时不打算回来。
我们又失去了一个机会。

还有两天，我们就要登上返程的航班了。和一些观鸟者的偶然谈话让我们知晓他们租了一条船，第二天正要去莫纳赫群岛。巧的是，船上恰好有两个空座，他们也乐得我们能

分担一些费用。第二天清晨，天刚刚放亮，我们早早地来到
了一片偏僻的海滩，在约好的地点等待出发。我们幸运地看
到了一只海獭游过来，在距我们不到50米的地方上了岸。它
似乎没有注意到我们，给自己做了一会儿清洁工作之后便消
失在草丛中。不久，观鸟者也到了。他们激动地闲聊着，还
背了一大堆望远镜和相机袋。再后来，我们租的船从北边的
岬角进入眼帘，这是一艘橡皮艇，外侧装备着两台巨大的雅
马哈发动机。驾船的是一个看起来很干练的小伙子，名叫克
雷格。他穿着一件厚厚的干式潜水衣，一看就是个非常理性
的人。我们蹚着冰凉的水上了船，很快便在波浪起伏之中朝
着远处的莫纳赫群岛出发了。当我们快速从波浪峰顶驶过时，
那感觉就像是露天游乐场。我们穿着潮湿的衣服瑟瑟发抖，
眯着眼睛盯着迎面而来的“蜇人”的水花。过了不到二十分
38 钟，我们进入了群岛的避风处，驾驶员便把船熄了火。

在无人居住的岛屿上探索有一种魔力，它唤起了我们的童心。大家朝各个不同的方向出发，都渴望有所发现。本和我拿着捕虫网，还有一些人拿着望远镜和长焦相机。天气很好，当我朝我们看到的最高点走去时，身上很快就热了起来。那是一片由众多沙丘构成的高地，比海岸高40米左右，站在高地顶端能看到整片岛链。莫纳赫群岛实际上由三座独立的岛屿构成，绵延大概四千米。落潮时，白色的贝壳沙构成

的沙洲把它们连在一起，还有数不清的小块岩石从周边海水中突出来。这些岛屿曾经供养着100个渔民和克罗夫特小农场主。他们都在这里艰难谋生，靠着贫瘠的土地和海上的收获勉强度日。[9]这里甚至有一所小小的学校和女修道院。现在，他们的房子和牲口圈只剩下了矩形的石头墙，破败不堪。1942年，最后一批人离开了这里。据说在15世纪之前，人们可以在落潮时通过沙洲从莫纳赫群岛走到北尤伊斯特岛。不过，这肯定非常危险，因为你需要在海水涨潮之前快速走完 39
10千米路程。据说，这座沙洲被暴风雨吹走了。群岛上没有避风的港口，所以，自那之后，每当海面不平静时，住在岛上的人们便与外界失去了联系。这种情况在这里非常常见。

现在，这里没人居住，却到处都是羊。站在沙丘顶部，我能看到几百只。它们低着头，正在啃食地上的草。这些小岛好像难以维持它们的生存。向内陆走，靠近沙丘的地方地势稍微平坦一些，这种地形可以被归类为沙质低地。但是，与之前在尤伊斯特群岛见到的沙质低地比较起来，这里的土壤更贫瘠。羊群的过度啃食导致土壤上的植被只有半厘米高。这些植物像微缩盆景一样，叶子细小，倒伏的茎紧紧贴着地面。通常情况下，植物间会形成竞争，它们尽可能往上长，以便遮挡其他植物，独享阳光。但在这里，植物紧贴地面，彼此竞争看谁能躲过羊群经常光顾的嘴唇。植物的种类很多，我通过叶子辨认出了红车轴草、白车轴草、野豌豆、百脉根，但是没有一种植物处在花期，因为花蕾还没来得及绽放就被吃掉了。有些地方的植被彻底消失，任凭风把土壤带走，形成了光秃秃的沙坑。

我有一个朋友，他把羊群轻蔑地称为“长毛的蛆”。环保主义者、作家乔治·蒙比特曾不吝笔墨地讨论羊（以及鹿）过度啃食对英国的高地造成的负面影响。它们的啃食不仅破坏了植被，让小树失去了长大的机会，也使大片区域变成了单调的草皮，几乎没有野生动植物存活。土壤表面的渗水能力也因此变得很差，雨水顺着山坡倾泻而下，从而
40 引发洪水。他痛陈了那种农业方式的弊端，同时指出，这供养了很少一部分人，却让众多纳税人为他们的补贴买单。我们为什么要付钱来供养那样一种具有破坏性的做法呢？我在莫纳赫群岛探索的时候，不禁认同他的观点。这些岛屿被认定为“在科学上具有特别意义的地点”，也是国家自然保护区，因此这里理应受到保护，管理的原则也应当以野生动植物的利益优先，野花、蜂类和所有其他与沙质低地密切相关的生物能够在这里和谐共存。我认为这是它们应该呈现的样子。但是，眼下它们毫无生机，连昆虫都没有，平坦得可以打保龄球。至少可以说，这种情况真是让人失望。

唯一能向上生长并能开花的植物是翼蓟，因为顽强的茎
保护了它们。在以生长翼蓟为主的地方，翼蓟形成了厚厚的
一层地毯，穿行其中，让人很不舒服。不过，事实证明翼蓟
最终成了我们的救命稻草，因为在它们的叶子上，我们找到
了一直在搜寻的熊蜂。然而，那里只有藓状熊蜂，而且大部
分是雄性。我无法理解它们是如何在资源如此匮乏的情况下
熬过来的，或许它们只是一个垂死种群的残余。我们采集了
蜂腿的样本，本把它们带回实验室进行分析。结果显示，许
多雄蜂是二倍体。蜂类的性别决定方式非常奇特，与人类大
不相同。雄蜂通常由未完成授精的卵发育而来，染色体是正
常的一半，所以DNA数量也是正常值的一半。如果以科学术
语来称呼，那它们就是“单倍体”。雌蜂由受精卵发育而来，
因此它们有完整的DNA和成对的染色体，是“二倍体”。拥
有遗传多样性的健康种群都是以这种方式运行的，但是，在
近亲繁殖的种群里则会出现问题。这是因为蜂类没有性染色
体，只有一个基因决定性别，这个基因在一个种群中会以几
十甚至几百种形式出现，它们被称为“等位基因”。只有一 41
个等位基因的个体会成为雄性，有两个不同的等位基因则会
变成雌性。单倍体个体的染色体都是单份的，所以它们会自
动地成为雄性。二倍体通常有两个不同的等位基因，因为从
父母处获得完全相同的等位基因的可能性很小，因此二倍体

通常是雌性。当种群数量很小时，问题就来了。在小种群中，基因的多样性消失了。某个基因的不同副本数在稳定地减少，这一过程被称为“遗传漂变”。如果决定性别的基因失去了基因多样性，那么种群中就会仅剩几个不同的等位基因，蜂王和具有相同等位基因的雄性交配就会变得非常常见。蜂王产下了本该成为雌性工蜂的受精卵，但是其中一半因为遗传了完全相同的基因副本，从而变成了二倍体雄性。这些雄性在种群中不负责任何劳动（雄性熊蜂不承担任何工作，除非你把交配也算成一种工作），因此，该种群将会失去一半劳动力（工蜂），使蜂巢面临灭顶之灾。莫纳赫群岛上出现了如此多的二倍体雄性，对于这些存量不多的藓状熊蜂来说，并不是一个好兆头。

尽管有绵羊的问题，也缺乏除近亲繁殖熊蜂以外的蜂类，但我还是度过了田园诗般的一天。中午时，潮水很低，我踩着沙洲到了第二座、第三座一直到最后一座岛。我的午餐是盒装胡椒牛排馅饼，品质很差，但也算可口。我坐在沙丘上，看着西面的新斯科舍。返回时，我被一只小暴风鹱吐了一身。如果可能的话，我肯定不会选择再挨上一次，但这样新奇的经历还是值得体验一次的。当时，我正在沿着北岸走，右边是沙丘，左边是暗礁，根本没注意到沙茅草丛中的大洞，等我看见时已经太晚了。之前几个小时，我只能听到海浪的拍打声、头上不多的几只海鸥的叫声和绵羊的咩咩声。42所以，听到身边一阵巨大而刺耳的干呕声时，我被吓了一跳。片刻之后，我的腿上被喷了一大团消化了一半的鱼，奇臭无比。看来，小暴风鹱把意外经过这里的人当成最佳娱乐方式了。小暴风鹱的父母在靠近海岸的兔窝中筑巢，尤其喜欢在岛屿筑巢，因为这里少有捕食者。白天时，稍大些的暴风鹱幼鸟被单独留在窝里。它们毛茸茸的，浑身米白色，坐在洞口处等待路过者，然后用呕吐物精准无比地喷他们一身。当然，这种手段估计是用来对付捕食者的。我再也不会靠近它们的巢穴了，而且，在被喷了一身之后，我肯定不喜欢吃它们，所以它们这种手段还是很奏效的。我花了很长时间才在小溪里把裤子洗干净。纵然费了这么大力气，臭味还是伴随了我几天。(在此，我要向在回家的飞机上坐在我身旁的那位女士表示歉意。)在那段海滩上，还有几十个暴风鹱的窝，以至于我只好在返回时特别小心。

过了一会儿，当我离开暴风鹱，朝沙丘上爬的时候，我意识到远处有喧哗声，听起来像是午饭时间的小学操场，与我所处的环境明显不协调。当我接近一座高大沙丘顶部时，声音越来越大。有了暴风鹱的经历之后，我变得更谨慎了，想着会不会有什么其他有毒的生物等着我呢，于是我采用了一种被称作“猴子跑”的姿势慢慢往前爬，这还是我在学校

可笑的军训中学到的。随着喧哗声越来越近，我又换成了
“猎豹缓步走”，用腹部一点点蹭着往前走，越过沙丘顶部偷
偷往下看。在海滩上，或许有1 000只灰海豹，它们正慢慢
挪到温暖的沙滩上。其中有许多幼崽已经能够在浅滩中爬行，
43 相互追逐，或是给父母添乱，还不停地发出各种叫声。这一
幕实在是壮观，我很少有机会在英国见到这么多大型野生动
物。更棒的是，它们完全没有意识到我的存在。虽然离得有
些远，但我还是用相机拍了个够。我忘了时间，没发现已经
开始涨潮了。最后我全速跑过已经被水打湿的沙子，一路踩
着水花回到我们的船只停泊的岛上。

这一天过得很棒，没想到还有一个惊喜在返程中等着我们呢。尽管有风，又不时有水花喷溅过来，我还是在小船中打起了瞌睡。突然，小船歪向一侧，我差点被甩了出去，只好用力抓住橡胶船壁上的绳子。这时，一只巨大的棕色鳍从触手可及的地方经过，伸出水面大约有一米高。后面还跟着另一只鳍，不过要小得多。这是姥鲨的背鳍和尾鳍。克雷格立刻掉转方向躲了过去，可惜我们的船还是吓到了它。当我们绕了一圈回来准备仔细观察时，它已经沉到了波涛之下。就体形而言，姥鲨在海洋中排名第二。它们是滤食生物，能长到10多米，而且不会攻击人类。很不幸，这些行动迟缓的庞然大物在世界很多地方都因捕杀而灭绝了。所幸在赫布里

底群岛，它们的数量还相当可观。

英国这一偏僻角落，以及它所养育的卓熊蜂等野生动植物的未来岌岌可危。我们对这里的一小支卓熊蜂隔离种群进行的遗传学研究表明，它们的遗传多样性很低。这早在我们的意料之中。这一结果意味着一旦它们赖以生存的环境发生变化，它们几乎没有任何应对能力，而且更易受突发疾病的影响。近亲繁殖这一问题很有可能也影响着生活在这里的其他生物，因为它们大部分都是规模不大的隔离种群。从前， 44
当这些物种在英国本土广泛分布时，岛屿上的种群可以通过偶尔迁入的外来种群重建新的种群，提高遗传多样性。现在，对赫布里底的很多物种来说，等到“外援”的可能性极小，它们只能自求多福。

让人担心的是，这种独特的环境还面临着许多其他挑战。如前所述，克罗夫特小农场的生活方式正在发生变化，这些岛屿的人口也在不断下降。你可能认为人少对于野生动植物来说是好事，但是，沙质低地野花的多样性在很大程度上是人类活动的结果。这里的人类活动主要指小规模、低强度的农耕活动。对蜂类和花来说，向大规模养羊牧场的转变并非好事。我们在莫纳赫群岛上已经见证了这一点，太多的羊造成了灾难性的后果。而另一方面，土地荒芜同样也不是好事。

从长期来看，还潜伏着更具灾难性的威胁——气候变化。卓熊蜂非常适合在寒冷的气候中生存。它们个头大，长有绒毛，这些都有利于它们在英国西北部寒冷、潮湿的气候中保暖。在英国北部地区，卓熊蜂非常常见；但随着长满花的栖息地的减少，它们的数量也迅速减少。它们的生存范围限制在了这些区域，再也无法向更北的地方扩张。气候变暖意味着卓熊蜂有可能被那些生活在南方的栖息地、却向北迁移的熊蜂种类取代。卓熊蜂已无路可走，这种情况将带给它们致命的最后一击。气候变化还有另一个威胁。沙质低地海拔只有几英寸，因此，哪怕是海平面的小幅上升（根据现有预测，未来几十年便是如此情况）都可能会导致这些低地被
45 海水淹没。如果风暴等极端天气常态化（根据预测，这种情况极有可能会出现，而且近些年已经出现这一趋势），那么这种情况出现的可能性就会更大，因为海岸边起保护作用的沙丘将会被风暴撕出一些口子，从而造成海水涌入。当然，果真如此的话，那么不仅仅是熊蜂，这里生存的几乎所有物种都会消失。到时，人们能做的任何挽回之举都可以说是杯水车薪。

对卓熊蜂来说，如果从长计议的话，或许应该寄希望于壮大它们在苏格兰本土的种群。凯思内斯郡和萨瑟兰郡的北海岸分布着一群卓熊蜂，在那里，它们至少没有被海水淹没的危险，因为那里的海岸大多是陡峭的山地。熊蜂保护基金

会已经在这个地区做了很多工作。他们鼓励农民，并与当地社区一起合作种植不同种类的花，轮替牧羊，让草场上的花有机会开放。皇家鸟类保护协会也没闲着，他们正努力在德内斯、邓尼特角和其他一些地方为长脚秧鸡与卓熊蜂创建栖息地，并加以管理。现在，长脚秧鸡的数量还很少，但正在逐渐增长。卓熊蜂在北海岸的分布范围也稍有扩大。不过，我们不太清楚这到底是更为努力记录导致的结果，还是卓熊蜂的分布范围真的扩展了。[10]但愿是后者吧。说实在的，这两个物种重新回归 46
以前的分布地的可能性微乎其微。它们生活在这样偏远的地方，大部分人可能根本没有机会听到或见到它们，如果有，也极为罕见。

有人主张，想要证明自然保护的意义，最佳办法就是计算一下野生动植物所能提供的服务的价值。换成现在的话说，就是要去计算它们所能提供的“生态服务价值”。蜂类经常被拿来做例子。从全球范围来看，蜂类授粉大约创造了2 150亿美元的价值。这个数字是通过计算在没有蜂类和其他授粉者的情况下，我们将会损失的庄稼的价值得出来的。因此，我们应当保护它们，因为它们养活了我们。这种说法也可以用于其他生物，如以蚜虫为食物的瓢虫、食蚜蝇，以及能分解粪便的苍蝇等。在我看来，这种观点并不能站住脚。难道大自然只有为我们效力时，才具有意义吗？我们也太以自我为中心了吧！不管怎样，就长脚秧鸡和卓熊蜂而言，这种说法并不成立。最近的研究表明，一个地区大部分庄稼的授粉工作是由该地区2%种类的蜂类完成的。也许你猜到了，就是那些普通、常见的蜂。从经济角度来衡量，卓熊蜂根本就无足轻重。对于尤伊斯特群岛上克罗夫特小农场中的植物来说，或许它们的贡献微不足道。事实上，就生态服务而言，无论是秧鸡，还是卓熊蜂，抑或是许多其他植物和动物，根本谈不上能做出多少有价值的贡献，如果有一天它们灭绝了，我们可能也不会在任何方面明显感到世界变糟了。但是，我个人仍然认为那将是不幸的一天。我们不能纠结于自然为我们做了什么，而是应该反过来想一想我们为它做了什么。我不知道何时再有机会去赫布里底群岛观察那些迷人的生物，但
47 是我相信，它们的存在让世界变得更加美丽了。

第三章
戈尔茨山脉和黄腋蜂

审视自然，你将更理解这个世界。

——阿尔伯特·爱因斯坦

多年来，搜寻罕见熊蜂的经历让我有机会前往英国的各个角落，从寻找山地物种的苏格兰高地出发，途经彭布罗克郡的海岸沙丘、东安格利亚的沼泽和康沃尔的海边悬崖，直到萨默塞特平原上长满鸢尾的壕沟。除了外赫布里底群岛之外，在几乎所有这些地方，都很难找到英国罕见的蜂类，哪怕是在那些特别漂亮，花多得数不胜数的地方也照样如此。然而，以前关于熊蜂的书上曾说，这些物种虽没有欧洲熊蜂那么普遍，但也一度十分常见。在弗雷德里克·斯莱登1912年出版的著作《熊蜂》中，他提到了尖叫熊蜂和短毛熊蜂（后者在英国已经绝迹），而且是把它们当成常见物种来谈论的。他写道，短毛熊蜂“在英国南部和东部地区特别常见”，

尖叫熊蜂“在许多地方都很常见”。在他那个年代，草熊蜂被称为“大型长颊熊蜂”，这说明它们是花园中的常客。他找到
49 并挖取了所有这些种类熊蜂的巢穴，并对它们进行详尽描写。而我研究了20多年熊蜂，居然连一种熊蜂的巢穴也没有见过。即使后来使用了专门受过军队训练的嗅探犬，也无济于事。[11]

在我看来，英国发生的变化十分巨大，甚至在那些未被破坏的栖息地上，如今的画面也可能只是以前繁荣景象的余晖。我们真的很难确定这一点是否真实。没有时光机器，仅凭一些书籍和笔记，我们永远无法得知18世纪和19世纪的博物学家穿行的田野是怎样的情形。从保存下来的黄花九轮草草酒的配方中我们得知，想要酿造这种酒，第一步就是要收集满满两大桶黄花九轮草的花瓣。由此，我们可以推知那时的黄花九轮草要比现在更常见。但是，至于到底有多少蜂儿造访它们，它们的根部到底养育了多少虫子，我们无从知晓。写到这里，我突然想到，或许有一个办法可以了解英国之前的样子：去东欧看一看。我听说在欧洲的一些地方，农业生产基本没有发生太大变化。这里没有第二次世界大战之后使英国上瘾的那种想要提高产量的冲动，也没有欧盟共同农业政策对农场实施有悖常情的各种复杂农业补贴，后面这种情
50 况在西欧很普遍。

波兰是我们开始寻觅之旅的好地方。这里没准儿有大量

的尖叫熊蜂等物种，多到足以让我们在它们的栖息地研究它们在取食、营巢等方面的偏好。就像博物馆里的老档案记录的那样，在波兰、斯洛伐克和捷克边境地区岩石密布的山区里，生活着大量熊蜂，其中有些种类在英国根本就没有。一想到有可能找到长头熊蜂和红尾盗熊蜂等异国物种，我就充满了期待。[12]听度假回来的朋友们说，那里仍能看见用马拉车的场景，田里还有人工垛成的老式干草堆。按他们的描述，这里的耕作方式和100年前的英国差不多。这可是我知道的最像时间机器的一件东西了。所以，在2006年8月，我和本·达维尔、吉莲·莱乘坐廉价航班飞到了克拉科夫。吉莲·莱是我的博士研究生，我们刚开始研究熊蜂的营巢习性。尽管克拉科夫的景色和魅力极负盛名，但是我们并没有在那里逗留——我们是来研究蜂的。我们租了一辆车，从机场一路向南，朝着塔特拉山脚下的扎科帕内出发了。

塔特拉山位于喀尔巴阡山脉的西端，也是其中最高的部分。喀尔巴阡山脉绵延1 200千米，它起于波兰，穿过斯洛伐克、乌克兰、罗马尼亚向东南延伸。波兰一侧的塔特拉山冬天是滑雪的胜地，夏天是远足者的天堂。不过，这里吸引 51
的主要还是波兰的度假者，而不是其他更远地区的游客。按地质学的标准来说，塔特拉山非常年轻。它和阿尔卑斯山一样，是在非洲板块北移与亚欧板块相撞的过程中抬升起来的。

非洲板块移动的速度和人指甲生长的速度大体相当。这一缓慢的碰撞早在一亿年前就已开始，至今仍在继续。因为形成时间短，塔特拉山受到的侵蚀并不算严重，所以它非常陡峭，有众多锯齿般的山峰，这一点倒是很像阿尔卑斯山。不过，它没有阿尔卑斯山那么高，最高处只有2 650米。我们在扎科帕内找到了一家小旅馆，到了晚上，又以第二天需要消耗体力去爬山寻蜂为幌子，大吃特吃了一通香肠和皮露吉（波兰饺）。[13]

早上开始就有些不顺。我们驶出扎科帕内，一头扎向山里。看起来只有那条路能上山。可我们忽略了一块用波兰语写着“禁止通行”的小牌子。一位警察守在路的尽头，他的工作正是让那些不守规矩、非要开车上山的人缴纳罚款。我们的钱包不可避免地瘪了下去，只好驱车赶回扎科帕内，又搭乘游客大巴，经过那位生意正酣的警察直达山脚。波兰一侧的塔特拉山是个国家公园，我们花了不少钱才得以进入。不过，当我们开始沿陡峭的山路攀爬时，起码不用担心被现金所累了。

起初，小路在茂密的树林中蜿蜒穿过。这是一片暗针叶林和落叶林混杂的树林，其间很少见到花和昆虫。沿陡峭的
52 山路爬了几个小时后，我们来到一片高山草甸。突然间，到处都是花和蜂儿。金黄色的贯叶连翘、虎耳草、拥有粉扑状

淡紫色花朵的鸽子蓝盆花，还有纤弱的圆叶风铃草，都把那一串串靛蓝色的乌头花映衬得更加惹人注目。一丛丛柳兰把山坡装扮成了粉色，那些地方最近刚发生过塌方，更加杂乱，也更加陡峭。我们跌跌撞撞，四处寻找。在那么陡峭的草甸上捉蜂可是个不小的挑战，因为你不可能一边看路，一边捉蜂。结果，我们三个在兴奋中都摔了好几下。本和我都能熟练捕捉并辨识英国地区的熊蜂，吉莲则是这一领域的新手。然而我们很快都陷入了迷茫——和英国比起来，这里的蜂类简直让人不知所措。有些蜂看起来很熟悉，有些给人感觉差不多，却又有所区别，还有些与英国的蜂一点都不一样。我们早知道情况会是如此，而且也做过准备，但是很明显，应对这么多新物种还是需要花费一定时间。我们拍了许多照片，制作了一些标本，为的是以后能够确认我们的鉴定结果。[14]

在接下来的几天，我们爬上爬下，记录不同熊蜂的数量
以及它们赖以为生的花。我们之前从未见过的种类中包括红
尾盗熊蜂。这是一种漂亮的昆虫，长得有些像人们所熟知的
红尾熊蜂。不过，为了能在高山上保暖，它们身上的绒毛更
长、更密，斑纹的颜色也稍亮一些，它们也爱偷盗，因此我
们给它们冠名“红尾盗熊蜂”[15]。为了能让长舌蜂授粉，乌头 53
花已经进化了一些。它们的花蜜隐藏在长长的、弯曲的管形
花的末端。但是，红尾盗熊蜂会用它们锋利而且带齿的上颚

粗暴地咬开花的一侧，把花蜜偷走。我们没见过的另一种蜂是比利牛斯熊蜂。这也是一种讨人喜欢的熊蜂，长相酷似英国的早熊蜂。不过，它同样也拥有更密实、更长的绒毛，颜色显得更黄一些。根据名字你就可以猜出来，它是一种高山物种，所以它钟爱高山上的柳兰。我们也见到了一些长头熊蜂。这种棕色的蜂特别像英国的牧场熊蜂，但是它们的颜色更暗一些，有点像被烟熏过。

很显然，这里没有我特别想要了解的英国罕见蜂种，例如尖叫熊蜂和草熊蜂之类理应生活在波兰南部的蜂。这倒不奇怪，毕竟这是在高山之上，我们见到的主要是高山物种，而不是在英国期望看到的那些。这里的高山草甸非常漂亮，但它并非一个理想的窗口，能让我看到期望中的景观。所以，在塔特拉山的陡坡上艰苦跋涉了几天之后，我们决定再到别的地方去看看。

我们没有哪个需要专门去一趟的地方，所以就随意选了
54 个方向。我们离开扎科帕内，朝东北方出发。那天早上，最初下了点毛毛雨。我们沿着小路穿行在起伏的乡间。这里的土地被草丛分割成了长条，有些只有20米宽，但有一两百米长。这与英国的农业方式大相径庭，很多地里的拖拉机都无法掉头。也可以说与现代英国的农业完全不同，倒更像是中世纪时的敞地制：土地属于地方领主，但被分割成许多小块，

每个佃农分得几块进行耕种。几个世纪以来，耕作这些小地块时造成的土壤移动使地块间产生了犁沟。在英国，没有用现代化机械耕种过的田地里偶尔也能见到田垄和犁沟。我们停下来，四处逛了逛。但是因为天气潮湿，根本就没有蜂儿出来活动。然而，这里的栖息地看起来依然充满生机。很多地块被犁过，但还没有耕种，有些地块种着为了保持土壤肥力而需要轮作的车轴草[16]，有的种着红车轴草，有的混种着红车轴草、白车轴草和中间车轴草，还有的种着驴食草。在现代农业中，耕而不种和通过翻耕车轴草以增加肥力的方法都已非常罕见，但在廉价的人造肥料出现以前，这种轮作方法持续了数百年。廉价人造肥料带来的后果是农民每年都可以种植庄稼，导致土地不得休息。

上午稍晚的时候，我们经过新塔尔格。这里死气沉沉的，让人感觉只有饱经风雨的方块状水泥建筑。稍后，我们到了一个圆鼓鼓的低矮山脉的南端，比塔特拉山要逊色多了。这
便是戈尔茨山脉，我们的旅行指南上仅仅简单提及此处，还 55
把它描绘成一片有狼、猞猁、熊等出没的荒野。旅行指南上根本没提到熊蜂（大部分旅行指南上都没什么关于蜂类的介绍，这确实有点让人忧伤），但我们推测，有熊出没的地方，想必也适合蜂类生存。现在，阳光变得更强烈了，所以我们把车停在了一座桥旁。桥下，汩汩的溪水正从山上流向南方。

眼下，我们还没到山里呢，而是在一片有着木头房子的地方，还有小块的田地和小果园。果园里种着的大多是些长满地衣的老苹果树。这里的树比较高大，树上有很多结瘤，与现代果园里由砧木嫁接而成的低矮树木截然不同，仿佛我们真的回到了一百多年前。两个上了年纪的人正在用镰刀收割小麦，又用手敏捷地把它们堆垛起来（把秸秆麦穗朝上垛成金字塔），让麦穗进一步干燥成熟，最后脱粒。我之前从来没有见过这样的情景，估计在过去的一万年里，大部分时间都是这么做的。现代机器的发明让这项繁重的工作成了过去。不远处，有一位妇女正在用镰刀割路边的草，她把割下来的草放到自己的围裙里，估计是为了回家喂牲口。这时，一个满脸堆笑的小伙子赶着载满西葫芦的马车快速经过，还朝我们大声打着招呼。他的马车安装的是充气轮胎，这好像是对现代化唯一的一个小小的让步。小伙子好奇地盯着我们的捕虫网和其他装备。我比画了一下捕捉蜜蜂的动作，不过这可能让他更加困惑了。可不管怎样，他还是觉得这些东西挺有意思的。

我们分头出发去寻蜂。这里的田野杂乱无章，看起来一切规模都很小。这就意味着有很多的边边角角和被遗忘的角落，而那里刚好是野花生长的理想场所。我的旅行指南里把
56 这些地方称为“无用之地”。不过在我眼里，它们可是宝地。

庄稼地里经常有一些正在开花的耕地杂草，其中有些十分常见的物种，如矢车菊、烟堇和罂粟，还有一些我从来没见过，如大花鼬瓣花。这种花是一种药草，花朵的形状像喇叭，是长舌蜂的最爱。显然，这里很少使用除草剂。这些耕地杂草在那些犁过但并没有种庄稼的地上长得也很好，这和外赫布里底群岛上克罗夫特小农场里的情形差不多。正如我们此前所见，有些地块里种着用以增加肥力的红车轴草，许多蜂儿在那里嗡嗡地叫着。在各个地块之间，在果园的树下，在大路和小路的边上，生长着大量多年生野花，如矢车菊、治伤草、欧洲猫儿菊、车轴草、孀草、甘牛至、百里香，还有与众不同的林山罗花。这种植物长着艳紫色的新叶，加上红黄相间的花朵，看上去异常漂亮。溪岸上长满了喜马拉雅风仙花，它们粉色的花朵低头下垂着。作为入侵植物，它们很受蜂类的喜爱。[17]无论我们去哪儿，总会遇到成片的野花和嗡嗡叫的昆虫。

在为翻耕施肥而种植的车轴草中，除了草熊蜂、卓熊蜂和尖叫熊蜂外，还有许多长颊熊蜂。在一座果园里，我发现了红柄熊蜂、欧洲熊蜂、红尾熊蜂和眠熊蜂。在小路旁，除长头熊蜂和早熊蜂外，我还看到牧场熊蜂。还有一些其他种 57
类的熊蜂，有些我还不能立刻辨认出来。它们有的全身黑色，却长着白色的尾部；有的全身黑色，腿的基部却有簇状的黄毛；还有一些拥有亮眼的黄色条带，又长着白色或橙色的尾部。这些我无法辨认的熊蜂基本上都是雄性，于是我捉住了一些仔细观察。一个小时后，当我们返回车里时，我们已经记录了15种能叫得上名字的熊蜂，还有几种我们无法辨认、叫不出名字的熊蜂。为了下次见到它们时能有一致的称呼，我们给每一种都取了名字——尾部呈白色的黑色熊蜂便成了“白尾黑熊蜂”（一个完全没有创意的名字），腿的基部有簇状黄毛的熊蜂便成了“黄腋蜂”。从科学角度来说可能不是那么严谨，但在那时我们也已经尽了最大的努力。

我们继续向前，进入戈尔茨山脉。狭窄的道路仅能供一辆车通过，沿着河流在山谷中蜿蜒向前。每隔几千米，我们就停下来寻找熊蜂，每个地方花上一个小时，清点每个物种的数量，记录它们所拜访的花的名字，就像我在索尔兹伯里平原做的那样。在此之前，我很少到过如此具有田园气息的地方。

那天晚上，我们一边喝着美味但又极其便宜的泰斯基啤酒，一边交流彼此的收获。吉莲和我试图弄清楚这些熊蜂到底是哪种，便采用了昆虫学上最常用的方法：观察生殖器。我读博士的时候，曾经在显微镜下观察了六个月的蝴蝶生殖器。许多昆虫只有特别仔细察看雄性的生殖器才能区分出来。不同物种的雄性的生殖器通常都独特而且复杂，与之相比，雌性的生殖器帮不了多大忙。幸好现在是八月份，熊蜂很多。我们没有带显微镜，只有一只手持放大镜。在昏暗的灯光下，去观察如此微小的器官可真是一件非常困难而又需要技巧的 58
工作。在这一点上，喝啤酒可没什么用。

最后，我们给不同种熊蜂的雄性生殖器画了草图，把这些草图与我们随身携带的欧洲所有的熊蜂种类的生殖器图片做了对比。（据我所知，还没有一部法律禁止跨境走私蜂类的色情图片，至少在欧洲没有。）比对结果让我有些意外。吉莲是一个漂亮文静的女孩，也是我们的智囊。她第一个注意到，所有我们没有辨认出来的怪异的雄蜂生殖器几乎一模一样，与我带来的图册上断带熊蜂的生殖器很像。我只在索尔兹伯里平原上见过这个物种，那里所有的雄蜂都大同小异。它们的长相酷似欧洲熊蜂，都有两圈黄带和泛白的尾部。在波兰，这些雄性似乎走了一条疯狂路线，它们采用了一种更为繁杂、更有吸引力的配色方案。这让人很不可思议，因为雄蜂的颜色搭配模式被认为是一种进化而来的防御手段，显示它们有螫针，使那些捕食的鸟类不敢轻举妄动。（不过，大山雀和蜂虎并不理会这些，照样会把它们整个吞下。）此外，也有人指出，许多物种长相类似是因为它们会彼此模仿。通过采用相同的颜色搭配模式，它们以集体的名义向捕食者发出强烈信
号。[18]雄性熊蜂并没有螫针（螫针是由产卵管衍化来的，雄 59

蜂当然不具备），所以我认为它们的颜色搭配模式是一种虚张声势的手段。雄蜂从模仿雌蜂中获得了好处——先前同蜂王和工蜂“交过手”的鸟儿知道，这种颜色模式代表着危险。[19] 你可能因此认为雄蜂与工蜂颜色极为相似，但事实上，在很多物种中情况并非如此。通常，雄蜂的颜色要更加鲜艳一些。它们的黄带通常更宽，还拥有毛茸茸的黄色面颊。就被捕食的风险而言，这当然是愚蠢的策略。但是，这可能是性选择的结果，因为蜂王或许更喜欢颜色鲜艳的雄蜂。所以，雄蜂为了增加交配的概率，只好让自己的颜色更鲜艳。从进化角度来说，成功交配然后被天敌吃掉，算是一种成功。这比二者皆无、终老一生要好多了。我要承认，这当然只是大胆的猜测。我并没有证据可以证明雌蜂喜欢颜色鲜艳的雄蜂。但是，在蝴蝶和鸟类中，这种情况确实存在。难道蜂类就不是这样吗？我的一位孟加拉博士后曾研究过熊蜂的性选择，发现雌性熊蜂更愿意与有长腿的雄性交配。当然，那是另一个故事了。

现在，让我们回到主要的问题。很难解释为什么波兰的雄性断带熊蜂会有这么多的颜色变化。人们感觉它们应该颜色鲜艳，以便取悦雌蜂，或者是通过模仿雌蜂的颜色来避免
60 被天敌吃掉。但它们偏偏大胆地采用了多种颜色搭配模式，这实在让人难以理解。或许，波兰的雌蜂口味兼收并蓄，抑

或它们喜欢与长相怪异的雄蜂交配，从而导致不同颜色搭配模式的雄蜂激增。这得要好好研究一番才能下结论。

至少现在，我们确定了所见到的熊蜂到底是什么种类，这样我们便可以开始收集本地区不同熊蜂的数据了。我们在奥科特尼卡高那的一个旅馆住下来。这里风景如画，是一座位于大山中心的小村庄。村里的房屋零零星星地分布在奥科特尼卡河的岸边。我们很想知道旅馆是怎样维持运营的，因为在这盛夏时节，几乎没人入住。与塔特拉山相比，这里的游客要少得多，也没有过分敬业的交通警察，这正如我们所愿。

接下来一周，我们在那些起伏的山脉和山谷间继续探索，寻找蜂类。在山谷中，沿河建设了许多小农场。这些小农场的田地面积很小，而且少有农业机械。有些农民有小拖拉机，但是无法使用英国那种巨大的联合收割机，基本上所有的收割都由手工完成。马车则是这里最常见的运输工具。再往高处，农田让位给了牧场，成为小群牛羊放牧的地方。再往高处，茂密的森林与欧石南丛生的荒野交织在了一起。现在正是黑果越橘成熟的季节，我们看到许多本地人采摘了满满一篮的紫黑色水果。他们有些拿着奇怪的装备，把一些平行排布的金属刀片连接在一只手套上，用来把黑果越橘从枝上梳下来。当我第一次看见一个人从灌木丛中闪现，手持滴着深色果汁的刀排时，我的心跳中断了片刻。这画面让我想起了恐怖电影《猛鬼街》中的弗莱迪·克鲁格。

我们并没有见到熊和狼，这着实有点让人失望，但我们
61 确实见到了其他一些野生动物。到处都是蝴蝶，有灰蝶、蛱蝶、凤蝶、粉蝶和眼蝶。我最喜欢的是斑貉灰蝶。山区牧场生活着大量的橙灰蝶，它们金色的翅膀在阳光下熠熠生辉。熊蜂蚜蝇是一种很常见的食蚜蝇，它们毛茸茸的，很漂亮，而且有很多不同色型，每一种色型都模仿某种熊蜂。在这里，我平生以来第一次见到疣谷盾螽。它们个头很大，翡翠绿和黑色相间的身体通常躲藏在向阳山坡的草丛里，伪装得很好。在英国，这个物种仅在布赖顿南丘陵附近的三个地方有分布。但是在戈尔茨山脉，它们非常常见。疣谷盾螽拥有令人胆寒的上颚，它们的名字即来源于此*。据称，在瑞典，人们曾用它来去除身上的疣。不过，我想应该有更容易些的办法。我们并没有在第一天的基础上发现更多种熊蜂。只有几只盗熊蜂，其中包括我之前没见过的四色盗熊蜂，它们专门袭击断带熊蜂的巢穴。我们在这里见到了很多在英国十分罕见的物种，这倒是我意料之中的事情。尖叫熊蜂在这里到处都是，也有很多红柄熊蜂、

* 疣谷盾螽的英文俗名是 wart-biter cricket，直译为“能咬下疣的蟋蟀”。

断带熊蜂和草熊蜂。英国所有常见的熊蜂种类在这里都很常见。

那么，我们的数据反映了什么呢？自从2002年我在索尔兹伯里平原上开始寻找罕见熊蜂以来，我一直在努力弄清为什么有些种类急剧减少，有些干脆就灭绝了，还有一些则蓬勃发展。这个问题可以推而广之，用于大部分动植物。为什么沼泽山雀比蓝山雀的数量要少？为什么杓兰几近灭绝，而紫斑掌裂兰则像它们的名字一样常见呢*？如果人们认真研究 62
细节，他们就有可能发现答案。例如，研究者发现白缘眼灰蝶喜欢温暖的气候，它们只能在牧草低矮、朝南的白垩低地上生存；它们的近亲——克里顿眼灰蝶则没有那么挑剔，能够在牧草更高、更阴凉和朝北的地方生存。前者比后者罕见就是情理之中的事情了。事实证明，熊蜂并不愿放弃它们的生态奥秘。

从波兰回来之后，我花了很长时间研究我们收集到的数据。不是所有人都喜爱钻研数据，但它们真的很让人满意，尤其是能清晰地呈现某种模式的时候。在英国，变得罕见的熊蜂种类大多对花有类似的偏好：它们通常都有长长的喙，喜欢红车轴草和其他花冠较深的豆科植物。它们也喜欢薄荷

* 紫斑掌裂兰的英文俗名是common spotted orchid，其中common一词的意思是“常见的”。

类的植物，如鼬瓣花。喙很短的断带熊蜂是唯一的例外，在波兰，它们会从多种花朵上采蜜。我正在研究这些数据的时候，我的另一位博士生克莱尔·卡维尔向我展示了她的研究成果。她研究了1930年至1999年之间英国熊蜂访花数量的变化。她的研究清楚而又令人沮丧地显示，有熊蜂到访记录的物种中，76%的到访次数出现下降趋势。花冠较深的植物下降最严重。从1978年至1998年的20年间，红车轴草的到访次数就下降了40%。这样看来，目前仍然在波兰翻耕车轴草中繁衍的熊蜂在英国变少就不足为奇了。现在，这里当然还有红车轴草，但比原来少多了。

差不多就在我和克莱尔交换意见的时候，两位荷兰生物学家——戴维·柯来金和伊沃·拉马克斯也在尝试着解决相同
63 的问题。他们想到了一个巧妙的办法去回溯时间，研究熊蜂曾经的情况。他们并没有去波兰，而是去了图书馆。荷兰与英国相似，都有农业集约化的历史，而且也是一个人口稠密的国家。所以，荷兰的蜂类数量也呈下降趋势。实际上，有三种已经在英国灭绝的熊蜂同样也在荷兰灭绝了，分别是苹果熊蜂、卡氏熊蜂和短毛熊蜂。在荷兰，数量急剧下降的熊蜂种类也与英国类似，包括低熊蜂、尖叫熊蜂、草熊蜂和断带熊蜂。欧洲的博物馆里有许多熊蜂标本，其中很多都是在20世纪前30年业余昆虫收集盛行时被捕捉的。柯来金和拉马

克斯意识到，许多蜂类标本后足的花粉篮中仍有花粉，这些花粉在那里大概存放了100年。这个绝妙的想法一下子就让困难迎刃而解——通过检测花粉颗粒，他们就能弄清蜂儿采蜜的那些花是什么种类。他们从荷兰、比利时和英国的博物馆中展出的蜂类腿上收集花粉，并加以分析。然后，他们重回那些蜂被捕捉的地方，从仍然生活在那里的常见熊蜂身上收集新鲜花粉。（有些种类已经从那些地方消失了，不过在其他地方还能找得到。）他们的数据显示，与那些能适应未来变化的熊蜂种类相比，那些随后消失的熊蜂赖以生存的植物种类更少。也就是说，后者更加专一。尤其是那些长舌的熊蜂，通常只拜访红车轴草和其他豆科植物。断带熊蜂似乎特别喜欢圆叶风铃草，而欧石南熊蜂则偏爱欧石南和黑果越橘。相 64
比之下，那些能适应20世纪发生的变化的熊蜂从一开始就口味更广，通常会从不同的花上采蜜。他们还发现，数量下降的熊蜂种类所偏爱的花在20世纪的减少速度也要高于平均速度。这些蜂很不幸，碰巧喜欢上了并没有多大前途的花。例如，圆叶风铃草如今在大部分地区都非常罕见，那些对它们情有独钟的傻瓜熊蜂日子也不好过。这当然和我们收集到的数据反映的情况差不多。罕见的熊蜂种类之所以数量下降，正是因为它们喜爱的食物变得罕见了。在波兰，各种花依然数量庞大，所以这些熊蜂还有生存空间。如果我们从不同角度研究同一问题，却能得出大致相同的结论，那么这些结论通常可以信赖。

关于蜂类采蜜的庞大数据让我可以研究另一个与熊蜂之间的竞争有关的问题。当我还是本科生的时候，我曾学过一个经典的研究案例，是一位名叫格雷厄姆·派克的澳大利亚人在20世纪70年代对美国科罗拉多州的熊蜂所进行的研究。他爬上爬下，数熊蜂，收集数据，和我们在波兰山区的做法差不多。不过，他的兴趣点不同——他在收集数据证明熊蜂之间的竞争关系。不同种类的熊蜂在外形、个头和基本生态学特征上非常相似。当然，有的体形稍微小或者大一些，有的绒毛多些，有的少些，颜色也可能不太一样，但是从广义上来说，它们都有相同的食物来源：花。早在20世纪30年代，一位名叫格奥尔基·高斯的苏联生态学家就提出了“竞争排除原理”，并最终命名为“高斯原理”。这个原理指出，使用
65 同一资源（可能是食物、筑巢地点或其他任何赖以生存的东西）的两个物种不能共存。重点在于，处于优势的竞争者会赢得竞争，把对手排挤出去。草履虫是生活在淡水中、与变形虫有亲缘关系的微小原生动物。他用两种草履虫做实验验证了这一点。在任何给定的水质和食物供应条件下，总会有其中一种草履虫最终胜出。熊蜂似乎是一个有趣的研究对象，可以通过调查熊蜂验证高斯原理是否真的会在现实世界中发

生。这正是派克的研究内容。

派克收集他到过的每座山上不同海拔地区的熊蜂数据，
发现在任何一个山区牧场上，大量存在的熊蜂只有三至四种。
进一步观察后，他发现那些地区总有一种短喙、一种长喙和
一种喙长中等的熊蜂。正如我们推测的，短喙的熊蜂以浅花
冠植物为食，长喙的熊蜂以深花冠植物为食，喙长中等的熊
蜂主要以花冠不深不浅的植物为食。这三类熊蜂把花的资源
进行了分配，避免了彼此间的竞争。存在的物种随海拔而变
化，有时不同的山头也有所不同。此外，在大部分地方也存
在着第四种熊蜂——西部熊蜂。它们与波兰的红尾盗熊蜂类
似，不过它们盗取的是花蜜。而且，它们是从蜂鸟经常光顾
的花冠极深的植物中盗取花蜜，因此不会与其他熊蜂构成竞
争关系。派克的研究证明高斯的理论在熊蜂中同样正确：熊
蜂群落确实是由竞争来规划，喙长类似的熊蜂不会共存。只
有喙长不同，又以不同植物为食的熊蜂才能共同繁衍兴旺。
达尔文雀族的情况与此类似，在这些小鸟中，不同物种演化 66
出了不同形状的喙。它们以这种形式分配资源，把彼此之间
的竞争降到了最低。它们有的喙细长，用来啄食昆虫；有的
喙略微宽大，用来压碎小颗粒的种子；还有的喙更加宽大，
用来压碎较大颗粒的种子和坚果。

我们在波兰收集到的数据似乎不太符合高斯原理。我们

发现了多达15种熊蜂生活在一起，有时甚至生活在同一片牧场上。诚然，在拥有长喙的熊蜂中，虽然也有一些草熊蜂，但最常见的只有长颊熊蜂。类似地，在那些喙长中等的熊蜂中，尽管也有一些尖叫熊蜂、红柄熊蜂和低熊蜂，但牧场熊蜂的数量要比它们多得多。此外，在短喙的熊蜂中，通常有四五种共同生活在一起，欧洲熊蜂、明亮熊蜂、早熊蜂、眠熊蜂和断带熊蜂就属于这种情况。按照高斯的说法，一个物种应该把其他所有物种都打败。正如电影《挑战者》中所说的，“只能有一个”。那么，这到底是怎么回事呢？

当我仔细察看它们造访的花时，我发现原来这些拥有短喙的熊蜂访问的不同种类的花，仅有一小部分的重叠。明亮熊蜂通常光顾伞形科植物（欧独活、当归等），其他熊蜂似乎在躲避这些花。眠熊蜂痴迷柳叶菜，断带熊蜂则钟情于矢车菊。（过去，在荷兰、英国和比利时，断带熊蜂通常喜爱圆叶风铃草，但我们在波兰很少见到这种植物。）虽然这几种熊蜂的口器大同小异，但它们还是重新分配了资源，使竞争最小化。我们不太清楚它们到底是如何进行分配的，也不清楚为
67 什么这种情况没有在科罗拉多州发生。有可能是因为熊蜂在美洲仅存在了两千万年，但在欧洲存在了三千万至四千万年。在这里，它们有充足的时间获得特定的生态位。这种想法不是非常具有说服力，毕竟，在任何人的书里，两千万年都算

是很长的一段时间。但是，这是到目前为止我能想到的最佳解释了。关于动植物之间的相互作用方式，我们仍有许多问题有待研究。

这些对比显示，波兰的熊蜂种群多样性要比英国丰富得多。当然，戈尔茨山脉也绝非英国在进入集约农业时代之前的复制品。但是，它至少也能让我们有一定的认识。就熊蜂和花的物种数量而言，弗雷德里克·斯莱登一定会有熟悉的感觉。然而，至于他会怎么看待那些波兰香肠，我就不得而知了。

不过，我并不是希望农民们都去从事艰辛的劳作。我希望的是这仅存的一点乡间生活方式，在我走之后还能继续留存下来。这听起来有点高人一等的样子，但是这里其实并没有明显的贫困，我们遇到的人看起来也都很快乐。就像尤伊斯特群岛克罗夫特小农场上的农民一样，他们生活在一个美丽且不受打扰的地方，吃着健康的食物，多数是自己或是邻居种的。如果他们也像我们一样，整天奔波着去上班，坐在格子间里，或是在开会时梦想着能每年去一次希腊的某座岛屿，那么他们的生活究竟是在变好，还是在变坏呢？我不知道这个问题的答案。尽管我知道改变在所难免，但如果完全从熊蜂的角度来说，我希望这些改变不会发生。就像在外赫布里底群岛一样，年轻人会满足于接管波兰乡下的小农场

吗？此外，外界的影响也发挥着巨大的作用。早在我们到访
68 的前两年（2004年），波兰就已经加入了欧盟。欧盟的共同农业政策是迄今为止人类制定的最不公平、最模糊、最有悖常理的法律之一，我担心这一政策会导致在波兰部分地区和东欧一些地方硕果仅存的生物多样性彻底丧失。共同农业政策在20世纪50年代末出台，其初衷在于，通过补贴现代农业、保证作物价格不受供求关系的影响，实现增加粮食产量的目的。这个目标看起来值得称赞，尤其是在欧洲地区，第二次世界大战造成了近20年的食物配给和食物短缺。这些政策的负面作用是我们为欧洲乡村地区的破坏提供了补贴，使乡村地区采用机械农业方式生产了大量的粮食，廉价、受补贴的农产品充斥了世界市场，让欧盟的农民能在与发展中国家农民的竞争中获得人为带来的后天优势，结果导致世界其他地方数百万的农民陷入贫困。本质上，这还涉及用欧洲纳税人的巨额资金来补贴机械农业。其中绝大部分资金都流入了跨国农业企业和欧洲最主要的土地所有者的腰包。无论从谁的标准来看，这些组织和个人已经相当富裕，只有一小部分补贴资金提供给了小农场主。他们为了能收获更多的粮食、开拓农场而苦苦挣扎，这些人才是我们应该补贴的对象。跨国公司收购大量农田实现土地兼并，以及经常随之而来的本地人被取代、工业规模的农业生产，通常是非洲和南美洲才

有的事情。但是，最近这些年，在整个东欧，这种情况也已经出现，尤其是在罗马尼亚、塞尔维亚、匈牙利、乌克兰等国家。在波兰，外国公司如果想要购得土地，需要一份专门的证明。但是这项法律在2016年已经到期，所以，跨国农业 69
企业非常有可能会购买尚处于廉价状态的土地，将农业生产改成工业模式，同时还能从我们这些纳税人手里获得补贴。2015年2月，波兰农民用拖拉机阻挡全国的道路，抗议他们的生计所受到的威胁。但是，他们是否能阻挡“进步”的潮流，还有待观察。

这个故事也有积极的一面。用纳税人的钱来补贴全欧洲的农业这一事实意味着纳税人对于这些钱的支配有发言权。如果欧盟的共同农业政策出现重大调整，把补贴大公司的钱用在补贴小型农场上，鼓励可持续的、环境友好型的农业生产方式和本地粮食生产，就能让农业社区的生活变得更好，而不是毁掉它们。当然，发生这样重大的变化并不是件容易的事，但我们绝不能因此就放弃尝试。或许，那是其他时代的故事，甚至是另一本书的故事了。 70

第四章

巴塔哥尼亚与金巨熊蜂

> 想一想蜜蜂，它们能意识到自己必死无疑吗？它们会因惊讶而恐惧吗？它们的复眼能见到幽灵吗？
>
> ——马尔·坎贝尔《蚂蚁崇拜》

2012年1月1日，我从格拉斯哥起程，途经希思罗和法兰克福飞到了布宜诺斯艾利斯，我的博士生杰西卡·斯克里文与我同行。她正在研究英国的隐熊蜂[20]的种群基因和生态学特性。我们当时正在苏格兰做研究，整个十二月，苏格兰的
天气都可以用“阴郁”[21]来形容，所以我们都盼望着去南半球 71
感受一下夏日阳光的味道。我们自愿承担的任务是去调查欧洲熊蜂对南美洲本土动植物的影响。有消息说，有些灾难性的情况即将发生，威胁到了南美洲所有熊蜂的未来。我想亲自看一看到底是怎么回事，是否有可能找到一些解决的办法。

南美洲是南半球唯一拥有熊蜂自然种群的地方，大部分种类的熊蜂都生活在北半球。我们推测，它们最早起源于

四千万年前的东喜马拉雅地区，然后向旧世界的温带地区扩展，向西扩散至波兰，并最终到达本贝丘拉岛；向东到西伯利亚，并越过白令海峡，抵达阿拉斯加和北美洲其他地区。熊蜂个头大，而且身上布满绒毛，因此它们会在温暖的气候中变得体温过高。所以，它们从不冒险向南靠近赤道。美洲地区是唯一的例外。在那里，几乎不间断的山脉贯穿中美洲，连接起落基山脉和南美洲的安第斯山脉。在大约四百万至一千五百万年前，有些特别有冒险精神的蜂经由山脉中较为凉爽的栖息地到达南美洲。它们在南美洲演化出了多个物种，因此我们推测，它们一定非常喜爱自己发现的新环境。现在，南美洲生存着24种本土熊蜂。这其中包括一些非常奇特的熊蜂，如钝头熊蜂。它们适应了南美洲热带地区潮湿的低地生活，这种栖息地通常不会与熊蜂联系在一起。钝头熊蜂周身黑色，翅膀也是烟黑色的，酷似木蜂，以不惜一切代价保卫自己的巢穴而出名。它们的生活史与一般的熊蜂非常不同，种群可持续几年，没有冬季滞育。一个蜂巢中也可能有多达八只蜂王，不过，它们经常厮斗，最终只会剩下一只。和欧
72 洲的情况一样，南美洲有些种类的熊蜂数量也大幅度下降，极有可能是集约化农业造成的。例如，斗熊蜂（听起来是种好斗的熊蜂？）是一种生活在巴西、乌拉圭和阿根廷北部开阔草地上的熊蜂。现在，人们认为它们已经从先前很多栖息

地中消失了。以前，在布宜诺斯艾利斯附近还可以找到它们。但是现如今，它们似乎已经灭绝了。在过去的25年里，鲜有关于它们的记录。

我特别渴望见到一种叫金巨熊蜂的物种。据称，它们是世界上最大的熊蜂。与它们相比，卓熊蜂看起来像是蚊子那么小。而且，据说这种奇妙的动物有一身漂亮的金色绒毛（恐怕我不能用皮毛这个词来谈论熊蜂身上的毛）。鉴于它们体形庞大，有人把它们的蜂王比作会飞的金色老鼠。这些绒毛也能帮助它们在巴塔哥尼亚和火地岛寒冷、多风的气候条件下保暖。金巨熊蜂是阿根廷和智利南部发现的唯一一种本土熊蜂，与安第斯山脉联系密切。遗憾的是，根据当地科学家的报告，在欧洲熊蜂进入南美洲之后，金巨熊蜂正在迅速消失。

尽管有很多入侵物种造成灾难的翔实记录，如英国的水貂、北美灰松鼠，以及澳大利亚的蔗蟾和野兔，但人们依然热衷于把蜂类从世界的一个地方带出来，并释放到其他地方。原产于欧洲和非洲的蜂类已经扩散到了除南极洲以外的所有地方。人类也特意把许多其他蜂类，如各种熊蜂和一种独居的小型蜂从一个大洲带到了另一个大洲。在20世纪80年代
末，智利农学家从新西兰引进草熊蜂，以期帮助车轴草授粉。 73
草熊蜂并非原产于新西兰，而是在1885年出于同样的原因从

英国肯特郡引进到那里的。新西兰农民注意到，他们的红车轴草不结籽。后来，他们发现这是因为没有熊蜂为它们授粉。就和现在波兰的情况一样，19世纪80年代的新西兰和智利农民也种植车轴草，然后通过翻耕来提高土壤的肥力。我们不太清楚为什么智利人对本土金巨熊蜂所提供的授粉服务不满意。或许是因为在种植车轴草的低地，金巨熊蜂的数量太少了，毕竟它们更适宜生活在山区和凉爽、潮湿的森林地带。不管对本土熊蜂的不满是出于何种原因，事实是草熊蜂被人为引入本地区，并且几乎没有人考虑过它们可能带来的后果。很快，草熊蜂便定居下来。

智利这个国家的形状很奇特。它呈长带状，从南到北有3 000多千米长，被挤在一个狭小地带里。它的西边是太平洋，东边是安第斯山脉，北边的阿塔卡马沙漠是地球上最干旱的地区之一，南方的火地岛则雨水充沛。火地岛也是最接近南极洲的陆地。草熊蜂最初被引入位于智利中部的首都圣地亚哥附近。草熊蜂以此为中心，分别向南和北两个方向扩散，直到被两端的极端气候挡住了脚步。

1994年，智利的邻国阿根廷第一次出现了关于草熊蜂的记录。我还是简单介绍一下阿根廷的地理情况吧！安第斯山脉横贯南北，阿根廷位于其东侧。阿根廷和智利一样狭长，但形状大致呈三角形，以火地岛为顶点向中部和北部变宽

（火地岛分属智利和阿根廷两国）。阿根廷的中部及北部地区宛如球状，与巴西、玻利维亚、巴拉圭和乌拉圭接壤。同智利一样，阿根廷各地的气候差异巨大：南部地区严寒、多风，西北部是高山沙漠，东北部则是亚热带森林。安第斯山脉是 74
世界第二高的山脉，在智利和阿根廷两国的大部分边境线上提供了令人生畏的屏障。这不失为好事一桩，让两国极少交恶。不过，在阿根廷的圣马丁德洛斯安第斯附近，山脉海拔较低，有的山口只有700米高。人们认为，草熊蜂就是通过这些地方翻越了安第斯山脉。不久，在圣马丁周围温暖葱郁的南青冈和智利南洋杉森林中，它们几乎已经随处可见。多年来，它们似乎与金巨熊蜂做到了和平共处。二者都是长喙物种，所以它们都喜欢深花冠植物。人们担心它们会有朝一日读懂生态学教材上的高斯原理，发现它们不该生活在一起。如果草熊蜂果真是超级赢家，那么或许它们会造成当地的金巨熊蜂消失，特别是这两种熊蜂都喜欢本地生长的一种美丽植物——紫色倒挂金钟。阿根廷科马休国立大学位于圣卡洛斯–德巴里洛切，就在圣马丁南边，该校的一名科学家卡罗琳娜·莫拉莱斯从20世纪90年代就开始研究本地区的熊蜂，还关注过不同熊蜂这些年来的数量变化。她注意到，草熊蜂到来之后，金巨熊蜂的数量稍有下降，但是并没有受到特别巨大的影响。在相当长的一段时间内，这两种熊蜂似乎不太懂高斯原理，相安无事。这倒是好事，它们做到了和平共处。不幸的是，这并非故事的结局。

欧洲熊蜂为欧洲人所熟悉和喜爱。最近，在一个网上投票中，它们被评选为英国最受喜爱的昆虫。欧洲熊蜂扩展到了非常广泛的地区，比草熊蜂的生活范围更加广阔。欧洲熊
75 蜂被大量用于西红柿授粉，因此，每年大约有两百万窝欧洲熊蜂在欧洲的工厂中被繁殖出来，然后传播到全世界。与草熊蜂一样，欧洲熊蜂在1885年从英国肯特郡被引入新英格兰，用以帮助车轴草授粉。1991年，或许是在一个西红柿种植者非正式的援助下，它们传播到塔斯马尼亚岛。大约在2005年，它们意外从日本的西红柿温室中逃脱，现如今，它们正在野外繁衍扩散，不断蔓延，引起了环保主义者的担心。兴许最严重的恶果是智利加入了这一行列，并且在1998年，他们也进口了一些欧洲熊蜂，或许他们不满足于仅有一种非本土种类的熊蜂。我们不太清楚人们指望欧洲熊蜂在智利扮演什么角色。它们的喙很短，因此不擅长为红车轴草授粉。或许，当地人想让它们为西红柿授粉。

无论引进它们的初衷是什么，欧洲熊蜂都没有固守原地等你弄清楚。它们的适应力非常强，无疑是最顽强的一种熊蜂，几乎能够在所有栖息地生存下来，就连深耕的土地也不例外。从南方半沙漠的摩洛哥到北方的挪威，再到东方的以

色列，都是它们的自然分布范围。它们迅速适应了智利的新环境，并向外拓展，边扩张边繁殖。欧洲熊蜂是短喙熊蜂，所以它们依赖浅花冠植物生存，这与长喙的草熊蜂和金巨熊蜂有所不同。在自然状态下，这些花是由安第斯山脉中数百种本土独居的蜂来授粉的。这些物种大都个头很小，喙很短，而且我们对它们的珍贵性知之甚少。它们可能受到了新的竞争对手的影响，也可能没受到影响。欧洲熊蜂也擅长偷盗花蜜。当种群需求增加时，它们会在花的侧面或背面咬出洞，从而盗取花蜜。正因如此，几乎没有它们不能食用的花。

2006年，在被引入智利八年之后，欧洲熊蜂首次到达阿
根廷。它们沿着当年草熊蜂的路径，穿越山口，抵达圣马丁， 76
数量迅速增长。让卡罗琳娜感到惊恐的是，其他种类的熊蜂都在或迅速或缓慢地消失。金巨熊蜂曾经是本地区唯一的熊蜂，在夏季时随处可见。但是，后来它们似乎已经消失了，一同消失的还有大部分草熊蜂。在圣马丁和巴里洛切周围，这种情况一直持续到了现在。在过去的九年里，卡罗琳娜只见到过几只金巨熊蜂，不禁让她担心这些金巨熊蜂随时都有可能灭绝。

世界上最大规模的熊蜂数量急剧下降是吸引我来阿根廷的原因。有些重要问题似乎需要我们去回答。是什么导致了金巨熊蜂数量的下降？是因为入侵者带来的竞争，抑或是有

什么其他原因？欧洲熊蜂分布的范围到底有多大？在它们所到之处，当地熊蜂是否真的消失殆尽？我们能够做点什么改善这些情况吗？

带着这些疑问，2012年1月2日早晨，我和杰西卡来到了布宜诺斯艾利斯。刚到时，我们感觉有些时差失调，视线模糊。金巨熊蜂的祖先或许是在一千万年以前到达的阿根廷，草熊蜂比我们早到18年，欧洲熊蜂则是在六年前刚到的。我们租了一辆车，随后出发去寻找熊蜂。布宜诺斯艾利斯在阿根廷的东海岸，坐落在拉普拉塔河河口以南。我们大致的计划是开往正西，到达门多萨，然后再折向南，开往圣马丁，沿途寻找熊蜂。门多萨位于安第斯山的山脚下，在圣马丁北部，距圣马丁约1 300千米。没有人知道欧洲熊蜂向北和向东到达了哪里，因为在阿根廷，昆虫学者可谓是凤毛麟角。我们知道，在行进中的某个时刻我们一定会碰到它们的前锋。
77 与此同时，我们也想记录找到的其他熊蜂。据说，除金巨熊蜂以外，阿根廷有七种本土熊蜂。但是，有关它们的分布情况，我们知之甚少，更别说生态学方面的信息了。

离开布宜诺斯艾利斯比预想的要难。从机场出来，我们唯一能找到的一条路是经过市中心朝正北方向前进的。那时，我们连一份地图都没有，也没什么别的可以用来指引道路。所以，在迷宫一般的街道中寻找一条向西的道路时，我们迷路了。路上有冒着烟的旧汽车、崭新的四驱车、马车，偶尔还有羊经过。没什么标志可以帮我们，路标也很少，有些主干道上还有危险的深坑。这里如果有道路通行规则的话，也一定非常灵活。汽车在我们的两侧交织着穿行而过，它们会突然转向来躲避深坑和其他车辆。道路右侧似乎属于最快的人或最破的车，那意味着这里从来都不属于我。整体来看，这真是一次让人神经紧张的体验。幸运的是，当地人似乎不太介意我的迟缓。尽管有多次差点要撞上去的经历，但没有一个人朝我使劲摁喇叭。不久，我完全失去了方向感，只好让杰西卡通过太阳的位置来判断哪边是西方。这有些困难，因为现在是仲夏的中午，太阳差不多在我们的正上方。不过，杰西卡还是尽了最大努力。甭管怎样，在经过了市中心的林荫大道和郊区数不尽的弯路之后，我们终于在下午走上了正路，开始了向西的行程。

离开杂乱无章的郊区之后，我们进入了我有生以来见过的面积最大的大豆田。阿根廷是世界上最大的农产品输出国之一，世界四分之一的大豆和百分之五的牛肉从这里产出。
布宜诺斯艾利斯周围是一片辽阔、肥沃的平原，向西绵延800 78
千米，面积约有500 000平方千米，比整个英国还要大一倍多。严格说来，它并非一片田野，而是由数以千计的矩形田野构成。但是因为它们被狭窄的篱笆隔开，而且中间没有灌木，树也很少，所以看起来更像是一块一直会延续下去的田地。除了用来存储大豆的巨大银色筒仓偶尔出现外，地平线连续不断。这个让人印象深刻的例子充分证明了人类主宰自然的能力——他们能消灭害虫、铲除杂草，会把一切都牺牲掉种植单一作物。我看到一件很有意思的事——这里在肆无忌惮地为转基因作物做广告。在欧洲，转基因作物受到严重质疑，人们经常用血红的标题给它们冠以“弗兰肯斯坦”作物的标签。但是在这里，路旁的篱笆上挂着巨大的标志牌，不遗余力地宣传绿色田野中生长着的转基因作物品种。听说，这里生产的大豆大部分都被运往半个地球之外的中国。在那里，它们被当成牛饲料或是生物燃料。我注视着这片辽阔的单一绿色，不由自主地想到我们本来应该拥有更多智慧，找到一些对生态环境破坏较小、能更有效利用宝贵的自然资源的办法。

我喜欢到陌生的国家转一转，主要是因为这让我有机会见到之前未曾见过的野生动植物。但是，这里鲜有令人享受的东西。对生物学家而言，阿根廷东部地区格外令人失望。斗熊蜂已然消失，几乎所有曾经可能生存在这里的生物都不见踪迹。很明显，这里使用了大量的杀虫剂，因为我们经过的仅有的几条小溪中根本没有鱼和两栖动物，也没有苍鹭和白鹭等亚热带地区常见的捕食鸟类。所有这些小溪都被整修

成了直直的水渠，而且经常由水泥筑成。大部分水渠只是充 79
当排水沟，恶臭冲天，毫无生机而言。很明显，这里的人们只是把同一种作物年复一年地种植在同一片土地上，根本没有采用轮作的方式。这意味着要大量施用人工肥料，从而加重了对小溪的污染，导致有毒水藻的滋生。我们经过的仅有的几座小镇大多是一副惨淡的样子，到处都是尘土，还有许多销售和修理农业机械的店铺以及售卖化肥的店铺。

我不禁好奇，这片土地在被人类独享之前会是怎样一番情形？这里土地肥沃，有可能生长着大片亚热带森林，其中生活着各种有趣的生物。当然，我们人类需要吃饭，农民也需要谋生计，但让本来充满生机的森林彻底消失总是一件令人不齿的事情。

说句公道话，这里也有些有趣的亮点。在驾车穿过这片广袤平原的第二天，当我们在路旁杂乱无章的澳洲桉树下停下来吃午饭时，我们注意到树枝上有几个巨大的鸟窝，它们的主人——吵闹不已的绿鹦哥能发出嘶哑的叫声。这几窝鸟好奇地向下盯着我们看。有一种蜻蜓似乎已经对污染产生了抵御能力，能在小溪里大量繁殖。飞过道路时，它们的翅膀在阳光下闪闪发光。在行车过程中，我们不可避免地会撞上它们。一些棕色的小鸟在路边静候，随时等待捡食这些蜻蜓的尸体。后来，我们才弄清了这些鸟的名字——叫隼。城镇

附近经常出现狗的尸体，这些肿胀的尸体往往会引来体形更
大的凤头巨隼。这种鸟儿让人过目不忘，它们长相凶恶，有
点像刘易斯·卡罗尔作品中的漫画鸟儿，体形和鹰差不多，
头上长着冠毛，红色的脸上光秃秃的，柠檬黄色的腿却显得
80 特别长，给人不协调的感觉。对于我们的经过，它们毫不胆
怯，而是用那不会眨动的黄色眼睛紧盯着我们，俨然一副挑
衅的样子。

因为我们致力于寻找熊蜂，所以，我们每行驶80千米就
停顿一次，做一个小时的计时研究去寻找它们，同我们之前
在索尔兹伯里平原和波兰的戈尔茨山脉时采用的方法一样。
我们挑选至少有几种路边野花的地方作为搜寻地点，包括黄
星蓟、丝路蓟、起绒草等。它们都是外来种，应该是被早期
的殖民者意外带过来的。尽管我们尝试了许久，但我们没有
找到任何熊蜂。蜜蜂倒是有很多，偶尔还能见到巨大的窗木
蜂。对此，我激动了一会儿，以为找到了黑色的钝头熊蜂。
窗木蜂非常漂亮，但胆子较小，个头与熊蜂差不多，黑玉色
的身上泛着紫色的油亮光泽。它们其实是一种独居蜂，尽管
81 与熊蜂长相相似，但两者之间的亲缘关系实际上很远。[22]

第二天我们继续向西行进，发现土地逐渐变得不如之前那么肥沃，庄稼的长势也要差一些，不再是绵延不断的样子。我的定位装置显示，我们正在不知不觉地攀升。虽然我们并

没有见过可以被称为山的地方，但现在已经到达了海拔2 000英尺处。这里的车辆也更少，经常一辆车也见不到。在经过圣路易斯镇之后，耕地突然不见了。呈现在我们眼前的是一片看不到尽头的平原，长满了低矮、多刺的灌木。笔直的道路空空荡荡，成为人类到过的唯一标志。之前的土地虽然没有一望无垠的单一作物，但也是精耕细作的产物，与现在的景象构成了相当大的反差。我们停下来，伸展一下身体，又在齐腰高、长满刺的金合欢树丛中闲逛了一会儿。这里有很多昆虫，也有一些个头很小的本地蜂，围绕着仅有的一些正在开花的灌木飞来飞去。在石头地上，各种甲虫正匆忙地爬行。原野中一片寂静，偶尔有几声蝉的断奏才会打破这片宁静。它们长着球一样的大脑袋，栖息在长满细枝的灌木上。黑头美洲鹫在我们头顶上盘旋，估计是盼着我们死呢。远处，小规模的龙卷风在平原上旋转前行，旋风把尘土和树叶都卷到了天上。

我们继续西行。一路上没什么地标，也没有拐弯，这让我们感觉好像待在原地不动。每隔80千米，我们都停下来搜寻熊蜂。现在比之前要有趣多了，因为能见到很多从未见过 82
的昆虫。不过，我们还是没见到熊蜂。一座名叫拉巴斯的小镇突然出现在我们面前，我们决心停下来过夜。我完全无法想象这里的居民靠什么来谋生。经过拉巴斯之后，周围的绿意多了些。一些勇敢的人曾尝试在路旁开辟田地和葡萄园，不过，看样子它们的收成都不好。道路还在慢慢爬升，随着高度的增加，我们见到了更加旺盛、规模更大、修整得更好的葡萄园。田野上长着一排排茁壮的葡萄藤，一团蓝灰色的云笼罩在西边的地平线上。地图显示，我们正在接近安第斯山脉。但是，田野上的景象还是没什么特别的地方。当我们接近门多萨的时候，云更高了，并且呈现出纹理、褶皱和影子。杰西卡和我差不多同时意识到那根本不是云，而是突然涌起的山脉，顶部没入云中。我们停下来，目瞪口呆，又拍了些照片。但是，照片并不能完全捕捉到场景的壮丽。这里是安第斯山脉最高的地方；同时，阿空加瓜山则是美洲最高峰，海拔接近7 000米。

门多萨处在众多高峰的怀抱中，是阿根廷的葡萄种植中心，以醇厚的马尔贝克红酒而闻名。凉爽的山坡上，葡萄长势很旺，因为有春天山顶积雪的融水滋润着它们。我们到达门多萨时，已经驱车行进了大约1 100千米，进行了约15次无果的一小时熊蜂搜寻。我们开始怀疑，这里是否还留存着阿根廷的本土熊蜂。如果有，它们到底在哪里呢？大部分熊
83 蜂喜欢凉爽的气候。所以，很自然，我们下一步就是要往安第斯山脉的高处去寻找。博物馆中古老的记录显示，金巨熊蜂曾经出现在像这样靠北的地方，现如今这里也应该有一些

其他物种。从门多萨向西，我们找到了一条非铺装道路，可以迂回向上进入山里。植被从葡萄园变成了点缀在半沙漠岩石坡上的桶状仙人掌，然后又过渡成更为葱绿的亚高山灌丛。当我们慢慢接近阿空加瓜山时，天变得黑暗起来。铅色的云笼罩着山顶，时不时地还有闪电穿过云层。就是在这个地方，杰西卡见到了第一只南美洲的熊蜂——一只匠熊蜂的蜂王。它庞大的身体大部分都是黄色，尾部泛红，正在一株黄星蓟上觅食，完全不理会我们的存在。所以，我们坐下来，伴随着头顶隆隆的雷声，欣赏了一会儿它的表演。在灌木中搜索一番之后，我们发现了更多的匠熊蜂。它们大部分都是工蜂，其中有很多都在某种矢车菊上觅食。后来，我们沿着路到了海拔2 000米的地方，这里到处都是欧洲柳穿鱼，看来匠熊蜂也非常喜爱这种植物。

我们在一座叫乌斯帕亚塔的小镇住了一夜。这里是一处低调而又令人愉快的旅游基地，是专门为那些高山徒步者和在奔腾河水中漂流的人准备的。我们喝了一瓶“安第斯”啤酒以示庆祝，然后，每人又来了一份美味的牛排和本地红酒。在这种情况下，如果没有这两样东西，似乎有点无礼。[23]在这个海拔，能有这么温暖着实令人惊讶。我们坐在户外吃饭，头
顶就是阿空加瓜山，看着那些拥有彩虹般绿色羽毛的漂亮蜂鸟 84
在路旁树木的紫色花丛中穿梭，真是一个特别愉快的夜晚。

第二天早上，我们向山里进发，最终抵达阿根廷与智利接壤的地方，这里的海拔接近3 000米。我们希望能在位于遥远北方崇山峻岭间的凉爽地带找到金巨熊蜂的种群。但是，经过一番搜寻，我们一无所获。偶尔倒是能看到更多的匠熊蜂，其中很多正在皱菊上觅食。这些长着粉色花的皱菊紧凑地生长在一起，银色的叶子特别漂亮。我们的头顶整天都笼罩着风暴云，当我们在户外拿着捕虫网忙碌时，还经常被冰冷的大雨点浇成落汤鸡。黄昏时，我们返回门多萨，并从那里折向南，开启前往圣马丁的6 000千米行程。在接下来的几天里，我们沿着向南的主路前进，这条路在安第斯山脉东侧较为平坦的地上，沿路有很多小酒店，茂盛的葡萄园和苹果园随处可见。只要有机会，我们就往西绕一段，返回山里寻蜂，结果崎岖的土路让我们租来的那辆破车完全瘫痪了。山上很多地方都被一群群的山羊啃过，牧羊人则骑在马上，一身传统装扮：戴着宽边帽，披着斗篷，穿着特别宽松的裤子。我曾在学校的地理课上学过关于南美牧羊人的知识。当时，我还用几个小时为他们画了一幅形象画。但是，我清楚地记得老师说他们放牧的动物要比山羊更加健壮。我们在想他们是不是为了吸引游客才特意打扮成这样，但看起来又不像。因为很明显，我们是这些偏僻的山谷中仅有的游客。大部分花都被山羊吃掉了，我们很难找到什么蜂。不过，在距离门

多萨300千米的南边，有一座名叫马拉圭的乡下商业小镇，在那里，我们找到了几个独立的匠熊蜂种群。 85

经过马拉圭小镇之后，葡萄园渐渐消失不见。小路在布满岩石的沙漠中蜿蜒前行了将近160千米，最后到达格兰德河的拐弯处。宽阔的棕褐色河流从西侧陡峭的岩壁上倾泻下来，进入平缓的山谷，被砾石分成了数不尽的溪流。在桥的那边，躺着一匹死马，肚子上有一个好像是篱笆桩一样的东西伸出来。经过这只不幸的动物，再往远处，几座房子矗立在几英亩绿油油的田地之上。在棕褐色的环境里，绿色的田地非常显眼。看样子这里可能会有蜂，所以我们停下来寻找。或许是为了防止美洲狮伤害牲畜，田地周围牢牢地围上了用带刺的金合欢树枝织成的篱笆。这些篱笆也能有效地阻挡昆虫学者，于是，我沿着河床上的鹅卵石绕过这片田地。透过篱笆，我看到一片杂草丛生的草地。其中有一种独特的浅蓝色的花，它们是蓝蓟，肯定错不了。如果这附近有熊蜂的话，那它们一定在这里。蓝蓟能分泌富含糖的花蜜，所以受到各种蜂的喜爱。在我的印象中，蓝蓟与夏日寻找蜂儿的快乐日子密不可分，因为在英国，大部分适合蜂类生存的地方都有它们的身影，如索尔兹伯里、邓杰内斯角的鹅卵石和沙丘上，以及泰晤士河口的沿海沙丘和沼泽。而在新西兰，它们是入侵杂草。在新西兰干旱地区，那些曾经用来养羊的草地如今都长

满了蓝蓟。原野上钴蓝色的花海构成了生活在那里的英国熊
86 蜂最主要的食物来源。[24]我总会在花园里种上一片蓝蓟，因为它们易成活，在草本花坛中格外漂亮。据说，它们也是治疗蛇咬伤（估计它的名字也与此有关*）和蜂蜇伤的良药。不过，我从没尝试过。

幸运的是，有一个地方让我可以翻越带刺的篱笆。我提心吊胆地翻了过去，随时准备着去迎接一个农民愤怒的大吼。那里有很多蜂群，有木蜂、蜜蜂、各种独居蜂和熊蜂。我们察看片刻，认出这些熊蜂是入侵的欧洲熊蜂。不仅是一两只，而是有几十只，随处可见它们享用着蓝蓟的花蜜。看来，我们是遇到了从圣马丁一路向北而来的先锋队。

从某些方面来说，看到这些熟悉的生物让人感觉很亲切。欧洲熊蜂是迄今为止最容易人工养殖的熊蜂。前些年，我曾花了很长时间研究它们，也做了各种实验。虽然我们预料到会在路上某个地方同它们相遇，但没想到有这么快。我们从地图上简单查看了一下，发现我们仍然在圣马丁北边900多千米的地方。熊蜂只用八年就跨过了这段距离。要知道，它们每年只有一代，巢穴又不能移动（除非它们比我想象的要聪明），每年建巢之前，它们的蜂王必定已经占据了这个地区。

---

* 蓝蓟的英文俗名为viper's bugloss，字面义即为“能医治蝰蛇伤的药草”。

这样算来，它们每年能扩散100多公里，这个速度相当了不起。在熊蜂被引入塔斯马尼亚岛和新西兰之后，尽管它们最终占据了这两座岛屿，但它们扩散的速度要慢得多，每年只有几千米。我们之前不知道熊蜂的蜂王有如此强的飞行能力。 87
在这里，它们是外来物种，潜伏着严重危害本土熊蜂的可能性，但我还是不由自主地表现出对这些顽强的小家伙的喜爱和敬佩。作为欧洲最常见的熊蜂物种，它们在新的环境里也活得很好。毕竟，来南美洲又不是它们的主意，我们凭什么责怪它们在这里的成功呢？

我招呼杰西卡过来。我们俩捕了几只蜂，并把它们装好，准备进行检查，看看它们携带哪种疾病。熊蜂非常多，以致有一次我一下子捕到了两只。这可是个低级错误。如果你稍有耐心的话，从网中把一只蜂弄到瓶子里非常容易，但是网中如果同时还有另一只愤怒的蜂儿，那可就是另外一回事了。理智的人会把它们全部放走，然而我无法抵挡要同时把它们弄到瓶子里的诱惑。这样做差不多只能造成一个结果——手被蜇。这次也不例外。好在杰西卡是捕虫高手。当我在一旁挣扎，诅咒和吮吸阵阵作痛的拇指时，她已经捕了很多只了。

我们继续朝南，沿着格兰德河又行进了一段距离。尽管有水源，但是花很少，根本没有蜂。我们进入了一片活火山地区，西侧不远处有几座光秃秃的圆锥形山峰。河水在凝固的黑色岩浆中切割出一条河道，公路也变成了崎岖的砾石小径，沿着河流穿过这片壮丽但并不太适合居住的田野。天气非常热，黑色的岩石吸收了太阳的热量，产生了滚滚热浪。这里几乎没有植物，实际上，除了家蝇以外几乎没有任何形式的生物。我们一停下来吃午餐，这些家蝇便成群结队地围
88 上前来。30年前，我曾在撒哈拉沙漠中部有过类似的经历。我真不知道这些生物是如何生存下来的。

又行进了约250千米之后，我们进入了一片包围乔斯马拉尔小镇的绿地。这里恢复了生机，我们立刻找到许多欧洲熊蜂。我不由自主地想到，这些欧洲熊蜂到底是如何穿越我们刚刚走过的这片区域的呢？这对我们来说都是无比艰巨的任务。要知道，我们配着空调汽车，有充足的瓶装水，有打包好的午餐。很难想象，蜂王是如何在这片无花的荒原上寻找道路的。

从这里向南一直到圣马丁，经历都大同小异。沿途我们穿过了几片规模更大、布满岩石的荒芜沙漠。但是，只要有绿地，就可以找到欧洲熊蜂。不过，无论我们怎样努力地寻找，都没有发现本土熊蜂，尤其没有发现金巨熊蜂。我们捉了一些欧洲熊蜂，把它们装好后继续往前走，一边开车，一边思考着为什么欧洲熊蜂在这里如此普遍。或许，它们得益于生长在路边的大量欧洲杂草，如蓝蓟和翼蓟。或许它们摆

脱了欧洲山区的竞争，因而获得了更多的自由。比如在波兰，就有许多其他种类的短喙熊蜂与它们竞争食物。也有可能它们甩掉了许多天然的寄生虫，如武氏蜂盾螨和泡眼蝇。前者感染它们的呼吸道，后者能从体内把它们活活吃掉。当然，我们一回到英国，便要对带回的样品进行检查，看一看它们究竟感染了什么疾病和寄生虫。

在距圣马丁大约80千米的地方，前方的地平线变成了阴沉沉、灰蒙蒙的样子，看起来有点像我在洛杉矶和首尔上空
见过的雾霾。之前在岩石高原上延伸的道路突然沿着一条巨 89
大的沟壑边缘俯冲下来，在悬崖的边上蜿蜒前行。我把车靠边停下，准备欣赏一番。这里的景色本来应该非常壮丽，只比美国的大峡谷稍逊一筹。不过，空气中充满了看起来像是烟的东西，只有偶尔当烟消退或是被疾风吹走时，我们才能看到山谷对面。我们下了车，很快便发现那根本不是烟，而是沙尘。这些沙尘刺痛了我们的眼睛，让我们直打喷嚏。八只巨大的黑鸟顺着气流飞向高空，我们很难在沙尘弥漫的风中眯着眼看清它们。但是，我注意到它们的脖颈上有白色环状羽毛，而且比我一开始认为的要更远，因此，它们的实际体形应该更大。事实上，它们是安第斯神鹫，是地球上最大的鸟类。这些可怕的大鸟竟然默默地悬停在盘旋的沙尘之中，真是壮观而怪异。

我们花了很长时间观察这些大鸟，直到眼睛再也无法忍受沙尘，随后便朝峡谷底部出发了。不久，我们经过了一座名叫圣胡宁的小镇。这里的植被与此前截然不同。谷底竟然出现了葱绿的森林，这可是我们在大约2 500千米的路途中第一次见到森林。沿着弯弯曲曲的路折向西，覆盖着森林的起伏小山、清澈的小溪和结冰的蓝色湖泊映入眼帘。如果没有仍然飘浮空中的尘土，这一定是无与伦比的风景。这些森林一直向南延伸，越过了圣马丁和圣卡洛斯-德巴里洛切。阿根廷的大部分地区都在安第斯山脉的雨影区内。盛行的西风在经过智利隆起的安第斯山脉时，把雨水降在了那里，因此，进入山脉东侧的空气比较干燥。然而，这个地区的山脉海拔
90 较低，来自太平洋的潮湿空气可以向东到达这里，滋养了这些秀美的森林。当然，这里也是被引进的熊蜂最初从智利进入阿根廷的地方，无论是草熊蜂还是欧洲熊蜂都是如此。

我们再次停下来寻找熊蜂。这里鲜花盛开，欧洲熊蜂随处可见。树林间生长着很多漂亮的橙色六出花和紫色的倒挂金钟。我捉住了这趟旅行中见到的第一只草熊蜂。它是一只蜂王，正在路边沾满灰尘的蜀葵上觅食。2006年之前，金巨熊蜂在这里非常常见，但是也有人说它们在这里早就绝迹了。

当我们朝西南行进时，灰尘越来越多，蜂儿也变少了。地上覆盖着一层灰尘，植物也在灰色覆层之下透不过气来。

我后来才知道，原来那些是火山灰。之前我们听说，大约两个月前，阿根廷和智利边界附近有一座火山爆发了，并且一直在喷射浮石和火山灰。但是，因为我自己生活的地区没有这些东西，所以过了很长时间我才知道它们是什么。我们经过几处湖泊，湖面上的背风处覆盖着厚厚的浮石。后来我们得知，第一次最强烈的喷发刚发生时，湖面上的浮石层厚得足以在上面走人。我们只见到几只欧洲熊蜂，它们看起来很忧伤，身上满是灰尘，正在同样被灰尘覆盖的花朵上觅食，这些花粉中肯定也混着很多火山灰。我猜想这一定会毁了它们发育中的幼虫；或许很多蜂巢会直接被火山灰掩埋，蜂儿无法逃脱。显然，各种蜂都很少，而且它们的种群之间离得很远。

我们穿过了圣马丁，它位于一片长长的湖泊旁，以夏季徒步和冬季滑雪而闻名，是一个旅游度假的好去处。这里的房子大部分由瑞士和德国移民用木材建造，风格与瑞士阿 91
尔卑斯山下的农舍类似，使这一地区看起来像是一片瑞士的土地降落在了南美洲，周围那些顶部积雪的山脉更加重了这一感觉。我们停下来在一个小餐厅喝了点东西。这里出售二十五种热巧克力，还附带大块的巧克力蛋糕，但除此以外再无其他东西了。

从圣马丁出发后，我们驱车走了一天抵达巴里洛切。我们途经一座座风景如画的森林，把火山灰也甩在了身后。在这里，我们遇到了卡罗琳娜和她的博士生玛丽娜·阿尔伯特曼。玛丽娜刚刚开始她的博士研究，研究课题便是欧洲熊蜂入侵的影响。她正在尝试勾勒出欧洲熊蜂在圣马丁以南的分布图，她的记录已经延伸到了距圣马丁1 200千米的埃尔卡拉法特。在欧洲熊蜂扩张的范围之内，她几乎没有见过金巨熊蜂，但是她的一个同事报告说，几天前曾在附近的一片湖泊旁见过一只。玛丽娜便带着我们前去搜寻，以期有所收获。这里的火山灰要少得多，景色极美。高高矮矮的雪山排列在绿松石一样的湖边，仿佛相框一样。为了加强保护，这里设立了国家公园，到处是茂密的森林和漂亮的野花。沿着纳韦尔瓦皮湖岸，我们走到了最近发现金巨熊蜂和卡罗琳娜多年记录熊蜂的地方。湖岸边长着开满娇嫩白花的尖叶龙袍木，冬季吹过湖面的风让它们布满了结瘤和扭曲。过去，金巨熊蜂非常喜爱这种花。但是，我们只见到了欧洲熊蜂。我们还见到了很多其他动物，比如长着蓝色、白色和铁锈色羽毛的棕腹鱼狗。它们的大小和鸽子差不多，正在湖岸边觅食。一群群的绿喉鹦哥从我们身旁飞过。虽然如此，我们还是感到
92 有些沮丧。我们从门多萨向南行进了1 300千米，而且一直处在金巨熊蜂过去的分布范围内，但是我们一只也没有见到。而现在，很明显，在几乎所有已知的分布范围内，金巨熊蜂

都濒临灭绝。从埃尔卡拉法特到火地岛只有约300千米，从那里到南美洲最南端也是300千米。以目前的蔓延速度计算，两三年内，欧洲熊蜂就能到达南美洲最南端。那可能意味着金巨熊蜂的末日。

那么是什么造成了金巨熊蜂的减少呢？我们与玛丽娜和卡罗琳娜详细讨论了这个话题，认为看起来似乎不是它们与欧洲熊蜂间的竞争导致的。它们虽然会从某些相同种类的花上取食，但二者在喙长方面的区别使得它们对花的偏好并不相同。在世界其他地方，长喙熊蜂与短喙熊蜂能相安无事地共存。在波兰等地，数十种熊蜂能其乐融融地生活在一起。而且，金巨熊蜂减少的速度之快好像也不是竞争所能解释的。

我们讨论了归因于疾病的可能性。在世界的大部分地方，人类对熊蜂疾病知之甚少，但我们知道，熊蜂可能会遭受由原生动物、细菌、真菌和病毒造成的多种感染。西班牙人征服新世界后，他们无意中把一些欧洲疾病传染给了美洲土著人，而后者对这些疾病几乎没有抵抗力。欧洲人感染麻疹等疾病后能迅速康复，而且不会有遗留问题，但对美洲土著人来说，这些疾病却是致命的。结果是灾难性的，在过去几十年里，可能多达95%的美洲人口消失了。有些文明，如阿兹特克人，则完全陷入混乱，轻易就被欧洲入侵者占领了。人们曾认为亚马孙平原的大部分地区都是原始森林，最近有证 93

据证明事实上那里曾经养育了庞大的文明，种植着大面积的农田。但在距今500年时，疾病抹去了这一切，还扩展到了欧洲人都不曾到达的地方。这个过程主要是单向的，不过美洲土著人也送给了欧洲人梅毒，这也算是替自己稍稍地报了一点仇。[25]

是不是熊蜂也经历着类似的事情？我的博士生皮特·格雷斯托克最近做了一些巧妙的实验。实验显示，疾病可以在不同蜂种根本不接触的情况下相互传播。当一只被感染的蜂在花上采蜜时，它身上携带的寄生虫就会把花污染。有可能是口器污染了花蜜，也可能是脚和身体污染了花瓣。在毫不知情的情况下，下一只来采蜜的蜂便被感染，要么把寄生虫吞进体内，要么就把它们带回自己的巢内。皮特自己称它为“花际传播疾病”，或简写为“FTD”。如果欧洲熊蜂携带着一些它们自己基本免疫的疾病，那这些病非常容易传播给本土蜂。但是，我们很难对这种假设进行测试。现在几乎没有金巨熊蜂了，所以，我们没法研究到底是什么导致了它们的死亡。如果有幸捉住一只金巨熊蜂，那可能是因为它是少数能逃脱疾病的幸存者，或者可能是具有天然免疫力的少数派。研究入侵熊蜂能弄清它们携带什么疾病，这也是我们捕捉欧洲熊蜂样本的原因。但是，这并不能说明是哪种疾病导致了
94 本土熊蜂的死亡。更何况，还不一定是疾病造成的呢。

玛丽娜已经开始了这方面的研究。她发现，巴里洛切附近的许多欧洲熊蜂感染了熊蜂孢子虫病，这是一种生活在欧洲和北美洲的熊蜂携带的疾病。在欧洲，这种疾病有时对熊蜂是致命的。不过很多个体虽然携带着病原体，却没有任何症状。这种疾病以前并没有在南美洲记录过，可另一方面，由于此前几乎没有人注意过，所以我们很难判断没有记录到底意味着什么。很有可能这种疾病随着欧洲熊蜂到达这里，并且造成了金巨熊蜂的减少。不过，对此我们并没有十足的把握。

我们随后研究了在阿根廷采集到的欧洲熊蜂，发现其中有很多还携带着另一种病：熊蜂短膜虫病。它的病原体是一种锥虫，与舌蝇在非洲传播的昏睡病的病原体有亲缘关系，后者能造成熊蜂内脏感染。被感染的熊蜂会表现出多种症状——它们的卵巢会更小，脑子似乎也更笨，不太善于学习，也记不住造访哪些花会更有收获。在欧洲熊蜂被引入之前，人们曾在南美洲的熊蜂身上发现过熊蜂短膜虫。但是，入侵者从欧洲带来了不同基因型的熊蜂短膜虫，没准这正是金巨熊蜂走向毁灭的原因。

很明显，我们还需要做很多工作才能弄清到底发生了什么，或许可以使用博物馆中的标本来确定在欧洲熊蜂到来之前，金巨熊蜂携带着什么疾病。判断昆虫针上早已死去的熊蜂携带哪种疾病听起来很麻烦，但现代技术手段非常灵敏，应该能够检测出病原体携带的基因。玛丽娜已经做过这方面的尝试。她检测了一小部分古老的金巨熊蜂标本，并没有发现熊蜂孢子虫病原体。不过，可供她使用的标本并不多。所
95 以，她不确定结果到底是真的没有，还是她的技术有缺陷没能发现它们。她需要的古老标本是那些感染了熊蜂孢子虫病，且被最终杀死的“阳性对照”，但她并没有找到。

草熊蜂或许也可以提供一点儿线索，让我们知道到底是怎么回事。阿根廷的草熊蜂似乎和金巨熊蜂一样受到了欧洲熊蜂到来的影响。这确实有点意思，因为草熊蜂同样也源于欧洲，按说应该对欧洲的疾病有免疫力。另一方面，智利和阿根廷的草熊蜂是从新西兰引进的，从离开英国算起，它们在那里已经生活了约100年。如果它们在新西兰有100代都没有接触过某种疾病，就很有可能失去了对这一疾病的抵抗力。因此，如果罪魁祸首果真是某种疾病的话，那它一定起源于欧洲，但在熊蜂被引入新西兰时，并没有传播到新西兰。多年前我刚好从新西兰收集过一些草熊蜂的标本。所以，只需要检查一下它们携带哪种疾病就行了。现在，再给我一些资助来贴补费用就能解决问题。

如果我们能再多做一些研究，就可以弄清金巨熊蜂死亡的根源。但那之后呢？我们没有办法给火地岛那些暂时幸存

的熊蜂注射疫苗。或许更可能的做法是设立一个圈养项目。可这也非常麻烦，因为此前从未有人圈养过它们，而且我们还有可能永远无法把它们再次放归自然，除非未来的技术能一劳永逸地解决这一问题。有人给我提了一个非常有创意的建议：把火地岛的金巨熊蜂全部清空，然后把它们转移到安全且没有本土熊蜂生存的福克兰群岛。虽然我不知道那里是 96
否有适合金巨熊蜂生存的花，但那里有类似的气候。没准儿英阿联合拯救熊蜂的项目还能修复我们两国惨淡的政治关系呢！不过，另一方面，这种做法会不会带来更大的弊端？毫无疑问，在福克兰群岛生存的本土授粉者恐怕要与新的外来熊蜂竞争，金巨熊蜂携带的疾病也可能影响它们。做了诸多权衡之后，我认为尽管这个想法很有吸引力，但是我们应该吸取以往的教训，不应该在尚未透彻理解的情况下就强加干预，因为这有可能让事情变得更糟。

除了造成金巨熊蜂的灭绝外，欧洲熊蜂的引入可能还有更为严重的后果。我们不知道南美洲的其他熊蜂在遇到入侵者时会有怎样的反应。如果疾病这一假设是正确的，那么其他本土物种也极有可能会受到感染。2012年，可爱的匠熊蜂距离朝门多萨前进的欧洲熊蜂的先锋队只有一步之遥，但是在2015年，杰西卡和我发现的种群似乎已经被欧洲熊蜂征服了。它们也会消失吗？再往北走，还有更多的熊蜂。南美洲总共有24种熊蜂，其中很多生活在安第斯山脉的秘鲁和哥伦比亚境内。欧洲熊蜂能走多远呢？我们不得而知。根据它们表现出的对气候的忍耐性，我们有可能预测到这一范围。在欧洲，它们的分布范围从苏格兰到西班牙南部、摩洛哥和特内里费岛，向东到达中东干旱贫瘠的土地。它们显然充满生命力，适应能力很强，或许比其他任何熊蜂都强。凉爽的安第斯山脉一直向北延伸，欧洲熊蜂或许能够渗透到南美洲的大部分地区。只有时间才能验证这
97 一点。

然而，也并非完全没有希望。对欧洲熊蜂来说，火地岛可能太冷了。尽管我对此持有疑问，但如果果真如此，那么这里就有可能成为金巨熊蜂的避难所。或许还有些遥远的山区金巨熊蜂种群隐藏在安第斯山脉中那些欧洲熊蜂不能到达的地方。在巴里洛切附近，直到欧洲熊蜂到达那里八年之后，还偶尔能见到金巨熊蜂的身影。这或许是最值得欣慰的地方。正像一小部分北美土著人挺过了疾病的肆虐一样，这些幸存的金巨熊蜂可能也具备了抵抗力。如果有足够多的个体存活下来的话，那它们的数量说不定能慢慢恢复，因为它们曾经蓬勃生长的栖息地仍然存在，正期盼着它们的回归。

在经过巴里洛切之后，我们转向东行。我本想继续向南，以期最终能见到一些金巨熊蜂。但是我们的时间不够，而且

我们知道在那个方向能找到什么。根据玛丽娜的研究，欧洲熊蜂已经从巴里洛切向南拓展了相当远。于是，我们转向东行，离开了安第斯山脉，去勾画一幅完整的欧洲熊蜂扩张图，也是为了查清在巴里洛切和大西洋海岸之间是否还有本土熊蜂生存。不久，我们便离开了葱绿的森林，再次进入不适合生物生存的地方，这里如荒漠一般，还布满了石头。我们驱车经过了很多石灰岩地带，层层叠叠，非常漂亮。一亿年前，这些岩层曾铺在海床之上。现在，它们侧翻过来，并且受到了火山活动的影响。为了调节放松一下，我们停止了寻蜂，花了一段时间在石头上敲敲打打，寻找化石。这里有很多鹦鹉螺化石，是远古时生活在海洋中的软体动物。巴塔哥尼亚地区发现过一些特别了不起的化石，包括几个恐龙新种，但可惜我们没有什么重大发现。

虽然我们没有找到任何恐龙化石，不过第二天，我们确
实在一个拐弯处见到了一只真实的恐龙正在吃人，至少乍一 98
看是这个样子。有人用玻璃纤维建造了一只实物大小的食肉恐龙，并把它放在茫茫荒野之中。这么做具体是出于什么原因，我们至今仍无从知晓。有一个过路人把车停在张开的血盆大口之下，爬到车顶，然后又跳起来，把自己挂在恐龙的牙齿上，这一幕刚好进入了我们的视线。

在朝遥远的东海岸前进的过程中，我们在每一片长势良

好的花丛中搜索熊蜂。但是在后来的路途上，我们一只都没找到。我们见到了很多其他美妙的东西，包括美洲鸵。查尔斯·达尔文是最早描述这种不具备飞行能力的大鸟的人。在“小猎犬号”上旅行期间，他详细描述了它们的特征。这些美洲鸵大部分都以家庭为单位在一起活动，每家中有十几只幼崽跟在后面。这里也有原驼和大羊驼，它们结成小队在干旱的平原上奔跑。但是无论怎样努力，我们都无法找到熊蜂。看起来，欧洲熊蜂似乎没有向东深入多少。这实在有些奇怪，因为它们向北、向南都扩展了相当大的范围，而且盛行风也会把它们吹向东部。从巴里洛切稍向东行便是一大片和沙漠差不多的区域，不过并没有向北必须要穿越的那片区域那样环境恶劣。向东行进了300千米之后，我们发现了一片灌溉良好、长满花的区域。我想，欧洲熊蜂很有可能在这里繁荣起来，而且最终一定会到达这里。

继续东行，我们穿过了潘帕斯草原。这片草原十分巨大，星星点点地分布着一些春季开花的金合欢树。看起来这里是熊蜂生活的好地方。不过，我们一只熊蜂也没有找到。这里的牧人放牧的牲口数量大得惊人，以至这片草原养育了5 000万头牲口。我们已经吃过很多牛肉了，但是那天晚上，还是粗心地点了一道“烧烤大杂烩”。我们以为那会是美味的小块儿牛排，事实证明，我们太天真了——端上来的是动物身体的不同部分，我们只得努力辨别到底它们属于哪一部分。不过，有一点几乎可以肯定：这些烧烤的东西里有被切成片的牛鞭和一大堆牛肚。最后，在一路颠簸、尘土飞扬地行进了 99
将近6 000千米后，我们抵达了布兰卡附近的海滩。看见美丽的沙滩，我们立刻冲过去，泡在水里使自己精神一下。然而，我几乎是马上就被水母蜇了，一下子让我没了心情。水母的触手贴在我的脚上留下了红色的痕迹，就像被鞭子抽过一样。

把欧洲熊蜂引入南美洲是人类导演的众多可预测的灾难之一，人类早该知道这么做的后果。当初，可能有几个智利农民认为往他们的田里引进一些欧洲熊蜂能够带来经济利益，而现在，整个南美洲都在为此付出代价。这个轻率的行为可能会导致24种熊蜂的灭绝。看起来似乎没有办法解决，也没有办法抵消已发生的恶果。我们有望找出导致金巨熊蜂数量下降的真凶，或许这有助于为其他地方能否引进外来种熊蜂的争论提供依据。说不定在南美洲北部生存的本土熊蜂也有类似梅毒一样的东西来阻止欧洲熊蜂的传播。

截至2016年1月，来自南美洲的最新消息显示，欧洲熊蜂已经到达了麦哲伦海峡北岸。麦哲伦海峡的最窄处只有10千米，所以，应该阻挡不了它们多长时间。一位名叫何塞·蒙塔尔瓦的智利昆虫学家成功发起了一项为金巨熊蜂设立档案的运动，鼓励人们把有关本土熊蜂和入侵熊蜂的记录发给他。

在欧洲熊蜂入侵的地方，陆陆续续有几个人汇报见过金巨熊
蜂，这让我们看到了希望，或许真的有一些个体拥有了对抗
100 欧洲疾病的免疫力。果真如此，那可真是令人欣慰。我们现
在只能交叉手指祈求好运，希望有一天能见到一只在本土的
森林中焕发生机的金巨熊蜂。然而，除非我们抓紧时间去火
101 地岛，否则，现实场景很可能和我期望的正相反。

第五章
加利福尼亚和富兰克林熊蜂

生物多样性很喧闹——有的走，有的爬，有的游，有的俯冲，有的嗡嗡叫；生物灭绝却很寂静——除了我们自己的声音以外，一切都很沉默。

——保罗·霍肯

2013年春天，我应邀来到加利福尼亚大学戴维斯分校，做了一系列关于熊蜂研究的报告，并会见了尼尔·威廉姆斯的研究小组。尼尔是一位蜜蜂生物学家，瘦高个，脾气很好，非常可爱，我们曾经在研讨会上见过几次。据我了解，他正在研究如何以最佳方式来增加加利福尼亚的传粉昆虫数量，因此我非常渴望去看看他们的工作。我还有一个不为人知的目的：戴维斯分校距离富兰克林熊蜂出没的地方非常近。

富兰克林熊蜂的故事充满悲剧色彩。如果不是因为罗宾·索普的努力，我们对这个物种几乎一无所知。罗宾一直

在戴维斯分校工作，他的研究基地也在那里。很多年里，他
研究的主要对象是蜜蜂和授粉，但后来他对加利福尼亚的野
蜂产生了浓厚的兴趣，其中就包括熊蜂和很多独居蜂。20年
103 前退休后，罗宾获得了按自己喜好进行研究的自由。他的大
部分研究兴趣都集中在熊蜂上，并在全美及其他地方开展了
很多实地考察。我们现在已知的有关富兰克林熊蜂的大部分
信息都是罗宾获得的。

富兰克林熊蜂看起来很漂亮，它们体形中等，除了一圈宽宽的黄色条带以外，全身几乎都是黑色的，看起来有点儿好战。亨利·J. 富兰克林1913年出版了第一本有关南北美洲熊蜂的专著，为了表达对他的敬意，1921年，这种熊蜂被命名为“富兰克林熊蜂”。从富兰克林的著作和博物馆的记录中我们得知，富兰克林熊蜂仅分布在加利福尼亚州和俄勒冈州交界的一片很小的区域内，是所有熊蜂自然栖息地中面积最小的。和以往的情况一样，我们同样不知道它们为何被限制在这片区域之内。就我们所知，它们对环境的要求并不是非常挑剔，但或许存在某种因素使它们局限在这个地区。它们的食物非常普通，除羽扇豆、花菱草和细斑香蜂草外，还有很多其他食物。我们不知道它们在哪里筑巢，可能像很多熊蜂一样选择旧兔窝。大约在1994年之前，只要你和罗宾一样知道去哪里找，它们还是非常常见的。

不幸的是，在20世纪90年代中期，北美洲发生了一些可怕的事，有一大类熊蜂在几个季节的时间里竟然从整个大陆上完全消失了。这些消失的熊蜂之间亲缘关系较近，属于熊蜂亚属（*Bombus*）。[解释一下：所有的熊蜂都属于熊蜂属（*Bombus*），但这个属又进一步分为三个亚属，其中有一个被称为熊蜂亚属。这确实容易让人感到困惑。] 这一大类包括北美洲最常见的熊蜂：锈斑熊蜂、黄带熊蜂和西部熊蜂。这些物种一度数量庞大，却突然变得稀少，甚至从曾经分布的广 104
阔区域内消失了。好在其中大部分物种在其他地方依然存在，例如在最初分布范围西北方的伊利诺伊州和艾奥瓦州，我们还能见到锈斑熊蜂，尽管它们曾经分布在横跨北美洲东部的广大地区。黄带熊蜂在缅因州和佛蒙特州似乎生活得还不错。西部熊蜂虽然分布范围缩小到了原来的四分之一，但是它们在阿拉斯加州仍旧十分常见。可悲的是，富兰克林熊蜂却是一个例外。它们也属于这个亚属，但与其他成员不同，它们变成了地方性蜂种，仅分布在长300千米、宽100千米的一小片区域之内。1995年，罗宾注意到它们的数量比以往少了很多，而且在逐年下降。2006年，富兰克林熊蜂消失了。从那之后，罗宾回到它们以前经常出没的加利福尼亚州和俄勒冈州的交界处寻找它们。不过，他的运气并不好。

那么到底发生了什么？我们最容易想到的是，尽管这里没有特意引进熊蜂，但也发生了与南美洲同样的悲剧。这一大类熊蜂消失的根源有可能需要追溯到20世纪80年代，那时，比利时开始了熊蜂的商业化驯养。业余蜂类爱好者、兽医罗兰·德荣赫博士发现，熊蜂能为西红柿授粉提供有效帮助。在这一点上，蜜蜂基本什么忙也帮不上。于是，他开始养殖欧洲熊蜂的蜂巢，并用于销售。在此之前，科学家们曾经养殖过少量蜂巢用于科学研究，但是没有人尝试过为这一过程提速，把它们用于大规模生产。德荣赫的蜂巢销售火爆，不仅在荷兰境内大受欢迎，还销售到了国外。[26] 1990年
105 时，几家熊蜂工厂在比利时和荷兰涌现，争相满足全球西红柿生产对熊蜂蜂巢的需求。

北美洲的西红柿种植者也想拥有这项技术，但与智利不同，这里严禁引进外来物种。那时，还没有人掌握大规模养殖北美物种的技术。在欧洲，熊蜂养殖者严守他们的生产机密。我曾经有幸参观欧洲三家最大的熊蜂养殖公司，但是每家公司都坚持让我签署一份不许泄密的协议。有意思的是，这些公司的养殖方法大相径庭，但因为他们都不与竞争对手分享知识，所以他们都不能把这一过程最优化。恐怕我不能再多说了，否则我就要上法庭了。

在这种严格保密的氛围之下，北美洲地区的人无法通过简单询问的方式来知晓如何建立自己的熊蜂养殖公司。后来

到底发生了什么至今仍是一个谜团。据说，有些种类的北美洲熊蜂的蜂王被带到了欧洲的工厂，目的是看一看能否引导它们筑造蜂巢。这些蜂巢随后被带回北美。这听起来倒是合理，但是很难找到记录证实这种说法。熊蜂养殖公司不愿意承认参与其中，原因不言自明。

不幸的是，迄今为止，似乎已经证明了不可能在大规模养殖熊蜂蜂巢时不受疾病的影响。在自然状态下，熊蜂会遭受很多疾病的侵袭，包括病毒、细菌、真菌等。当人们用野外捕捉到的蜂王建立新的蜂巢时，这些疾病就不可避免地被带进了工厂。熊蜂蜂巢的养育也需要依靠从蜜蜂蜂巢中取得的花粉，因为实在没有其他性价比高的途径可以获得所需的
几千千克花粉。(你可以尝试一下自己从花朵上收集花粉，那 106
时你便能意识到还是蜜蜂更善于此。)蜜蜂和熊蜂有许多相同的疾病，所以花粉又成了疾病进入养殖工厂的另一途径。工厂尽最大努力去消除疾病，因为很明显它们无助于自己的生意，但是离开工厂的蜂巢仍有许多受到了感染。爱尔兰的一个研究小组在2012年发表的一项调查显示，来自欧洲主要工厂的蜂巢经常携带多种病原体。[27]

情况很有可能是这样的：从欧洲返回的北美熊蜂蜂巢携带了至少一种欧洲疾病，然后又把这些疾病传播到北美洲的野生熊蜂种群之中。不同于巴塔哥尼亚的是，疾病极有可能

是由本土物种而非引进的熊蜂物种传播的。罗宾认为这可能由一种会导致熊蜂腹泻的致命真菌，即熊蜂微孢子虫感染造成。无论它是什么，如果它真是一种疾病，我们不知道为什么它只会影响一个亚属的熊蜂，而北美洲的其他熊蜂则不受影响。（但有一点可能值得注意：欧洲工厂里养殖最多的物种欧洲熊蜂也属于熊蜂亚属。）也可能是因为那些不受影响的熊蜂有时携带着病原体，却没有表现出任何症状。

此种解释明显缺乏证据。和金巨熊蜂一样，北美洲的熊蜂种群消失得太快了，让科学家们措手不及。当大家意识到
107 发生了什么的时候，基本上已经结束了，没有人能找到它们并查清凶手。剩余的那些熊蜂可能天生就拥有抵抗力，所以，即使能确定病原体，并使剩余的熊蜂接触病原体，这些熊蜂可能也不会死。

针对这种情况，有一个聪明的解决办法，那就是效仿玛丽娜在阿根廷的做法：利用博物馆中的标本。我们需要使用1990年以前的标本，然后通过扩增病原体DNA的基因技术判断出它们携带哪种病原体，再与现在生活在北美地区野外的熊蜂身上发现的病原体进行比较。在1990年以前，随商业熊蜂到来的病原体应该还不存在。悉尼·卡梅伦正在伊利诺伊大学的实验室里做这项工作，所以，我们有望在一两年之内对此有更深入的了解。当然，这仍不足以为我们提供应对措

施。一旦人类释放一个外来物种，无论是蜂、疾病还是蔗蟾，几乎不太可能把它们清除干净。对于微小的寄生虫来说，那更是不可能。

就这样，我在四月底飞去了美国加利福尼亚州。这一次，我做了一个漫长的折线旅行。我从格拉斯哥出发，第一站是阿姆斯特丹，然后是俄勒冈州的波特兰，最后又向南到达萨克拉门托。等到最后一段行程时，正是春日里一个美丽的午后。然而我太累了，只得把脸贴在车窗上休息。波特兰市是一座绿色的城市，哥伦比亚河穿城而过，湖泊和森林掩映四周，令人心旷神怡。我们向南行进，越过多山的原野和茂密的森林，很快便把人类文明丢在了身后。虽然已经是四月末，但地势较高的湖泊依然封冻着，白色的积雪点缀在漫无尽头的黑压压的森林中。我猜想这些森林中应该有很多熊、驼鹿和加拿大马鹿。继续向南，陆地开始下降，地势变得平坦， 108
供人居住的地方更多了，就连砍伐森林后建立起来的浅绿色的草场也越来越多。我的正下方就是富兰克林熊蜂种群的中心地带，以俄勒冈州南部的乡村小镇阿什兰为中心展开。或许，在无数绿色山谷和被森林覆盖的山峰上，幸存下来的富兰克林熊蜂蜂王正在那儿思量着从冬眠中醒来、迎接春日的阳光呢！

过了阿什兰，我们越过更多树木葱郁、荒无人烟的山脉。

我们还飞越了加利福尼亚州北部海拔3 000米的火山——白雪皑皑的沙斯塔山。从那里向南，海拔变低。森林开始被住宅用地和成片的草地打断，房屋点缀在森林之中。这和阿什兰附近的情形差不多。然后，森林突然消失了，变成了一片广袤无垠的耕地，平坦得仿佛是一块馅饼。这里是长达800千米的加利福尼亚中央山谷。这片长条形的肥沃耕地从北向南延伸，夹在东部的落基山脉和西部的加利福尼亚海岸山脉之间。作为地球上耕种最密集的土地之一，这里的田野就像一张绿棕相间的棋盘，大部分都是工整的正方形，薄薄的篱笆将南北和东西工整清晰地隔开。当飞机开始下降时，我发现有些巨大的地块中整整齐齐地种着一排排果树。但除此以外，几乎没有其他树木，也鲜有能生长野生生物的自然栖息地里所具备的东西。看起来相当单调，令人沮丧。

戴维斯位于中央山谷的北端，地处萨克拉门托以西几千米的地方。尽管我刚一着陆时对中央山谷的第一印象并不好，但戴维斯还是非常有魅力的。这是一座寂静的大学城，到处是阳光、人字拖、林荫街道、蔚蓝的天空以及坐落在人行道
109 上的咖啡馆，还有很多人在公园里玩飞盘游戏。第二天，我步行探索了一番之后，感觉这里和苏格兰像是隔了一百万英里。宽阔的林荫道布局非常规整，但与美国其他城市不同的

是，这里几乎没有汽车，差不多每个人都在骑自行车。街上仅有的一些汽车行进得异常缓慢，因为在戴维斯，行人有权随时过马路。结果，我发现步行探索戴维斯特别麻烦。每当我在人行道上驻足观察方向时，旁边的汽车以为我要过马路，都会主动停下来。如果我犹豫不决，司机会恳请我先过，面带微笑地鼓励我。这时，我便感觉非过不可。很多时候我会在岔路众多的宁静街道上非常礼貌地走过来，走过去。

在戴维斯接下来的几天，我做报告、与尼尔的学生交谈，进一步了解他们的工作。尼尔负责研究不同种类的蜂是如何利用田野的：它们在哪里筑巢？这些巢穴距离庄稼有多远才能满足它们的授粉需求？除了这些庄稼以外，它们还需要哪些花才能维持生存？这些研究在很多方面与我的团队多年来从事的工作类似，但是这里的气候更加优越，蜂的种类也不同。在中央山谷，有相当多种类的庄稼需要授粉，如甜瓜、苹果、草莓、桃子、油桃、杏、西瓜等。然而，这个地区并不适合蜂类生存，因为这里几乎没有本土植物，所以它们很难找到筑巢的地方，可供取食的野花也很少，有一种解决办法是在某种庄稼开花时引入一些蜜蜂蜂巢。种杏树的农民就是这么做的，但是，这种做法并不理想。蜜蜂蜂巢的租用费用很高，而且变得越来越难取得，因为近年来蜂群的死亡率
出奇得高。如果蜜蜂的供应因为某种原因突然中断，比如突 110

发疾病，那么农民的麻烦可就大了。无论如何，西红柿和草莓之类的庄稼用蜜蜂授粉并不理想，因此完全依赖养殖蜜蜂并非出路。

因为授粉业务的旺盛需要，加之贫瘠的田野造成的蜂类短缺，加利福尼亚州变成了研究蜂类的热点地区。在很多年中，研究人员效仿罗宾·索普的做法，专门以蜜蜂为对象，研究如何养殖它们从而为加利福尼亚州提供稳定的蜜蜂供应。最近这些年，人们的研究兴趣转向了其他野生授粉者，因为他们已经意识到北美洲其他4 000种蜂类中的大部分也是可用的授粉者。尼尔早期曾和加利福尼亚大学伯克利分校的克莱尔·克雷曼开展过研究，他们的研究显示野生栖息地附近的农场（主要指中央山谷边缘地带的农场）受益于野生授粉者，因为这些野生授粉者从野生植物中跑出来为庄稼授粉。因此，地处山谷边缘地带的有机农场根本不用买蜜蜂，而那些使用杀虫剂和位于中央山谷中心地带的农场不得不租用蜜蜂，否则他们的庄稼就要减产。此外，在野蜂栖息地附近的农场里，授粉工作在不同年份更有保障——仅仅依靠一个物种进行授粉存在风险，因为它们也有糟糕的年份。但是，如果有很多不同的授粉者，事情就会是另外一个样子，这样每年至少有一种蜂能出色完成任务。

当然，中央山谷中心地带的农民也不用收拾东西，搬家

到边缘地带去，也无须看着山谷边缘地带的农民有用不尽的
蜜蜂而干着急。一个显而易见的解决办法是他们可以在自己
的农场上额外种植些花，为野蜂提供筑巢地点，这样他们就
不用依靠附近的野蜂栖息地了。这正是尼尔的团队一直在研
究的内容：他们在地块边缘或正中间种上长条形的花带，还 111
种了一些能提供筑巢地点的木本树篱。这些花带非常漂亮，
有向日葵、羽扇豆和花菱草形成的黄色和橙色，还混杂着沙
铃花的紫色。到目前为止，这一方案确实提高了野蜂群的数
量，改善了庄稼的授粉情况，取得了人们预期的效果。此外，
这种做法带来的好处远远不止以上提到的这些。英国生态水
文中心理查德·鲍威尔负责的研究小组通过实地考察发现，
如果把庄稼地的8%留做花带和其他野生生物栖息地，不仅能
增加蜂的数量，也能增加步甲、瓢虫、食蚜蝇等这些害虫天
敌的数量。更加值得注意的是，在额外留出野生生物栖息地
的地方，五年内各种庄稼的产量都有所上升。如此看来，农
民们虽然牺牲了8%的土地，但收益并没有降低。当然，我们
不能从白金汉郡直接推断加利福尼亚州的情况，但这强有力
地证明在农业生产方面，少也可能意味着多。农民种庄稼的
面积越大，收获就越多，这似乎是显而易见的事实，但真实
情况却未必如此。想象一下，如果我们可以利用这些事实及
其类似的研究，说服全世界的农民在田地上增加一些适合野

生生物的栖息地，从而减少杀虫剂的使用，那该多好呀！中央山谷里那些种植着大片单一作物的农田以及阿根廷无边无际的大豆田中如果也有辽阔平坦的野花带和自然栖息地，或许能收获同样多的粮食。

112 在戴维斯时，我和罗宾·索普长谈了一番。他带我参观了专门研究蜂的设施，即负有盛名的“小哈里·H. 莱德劳[28]蜜蜂研究所”。这座研究所位于戴维斯郊区“蜜蜂生物学路”的尽头——我不是在开玩笑，这真是路的名字。罗宾引荐了一位仪表堂堂、长相酷似达尔文的人。他将近80岁，个子很高，留着浓密的白胡子。不过，比起达尔文晚年的胡子还是逊色一筹。这座研究所里仍有一半地方用来养殖和研究蜜蜂。实验用的蜂箱放在室内，但用塑料管子通到室外，工蜂正匆忙地在管子里进进出出。剩下的地方到处都是好学的学生，他们有的正在忙着一项麻烦又耗时的任务——培育沃氏熊蜂的蜂巢。这种熊蜂是加利福尼亚州最常见的熊蜂，在以后的实验中，它们会派上用场。这些蜂巢将要被放到有和没有野生花带的田地中，从而观察花对熊蜂的生存和蜂群的繁殖到底有多大影响。

从房子里出来，罗宾自豪地向我展示了由冰淇淋品牌哈根达斯赞助的“蜂苑”，这里以种植加利福尼亚州的本土花卉为主。花园中央的底座上有一座用陶瓷制作的巨型陶瓷蜜蜂雕像，花丛中也有多种真实的蜂。凭借几十年的野外工作经验，罗宾几乎一眼就可以辨认出其中大部分蜂，而我辨认北美这些更为常见的熊蜂还需要花点工夫。这里有黑尾熊蜂、沃氏熊蜂、凡戴克熊蜂，还有许多分条蜂和切叶蜂，以及大 113
量在阳光下会变色的紫黑色木蜂。加利福尼亚州曾记录了1 000多种熊蜂，我感觉其中大部分都生活在这里。蜂鸟似乎认为蜂儿还不够多，也赶来凑热闹，在灌木间高速穿梭。可惜，这里仍然没有富兰克林熊蜂，让人颇为遗憾。罗宾很自豪地向我展示一个黑尾熊蜂的巢穴，它钉在树上，看起来就像是供山雀筑巢用的盒子一样。这种熊蜂与早熊蜂的亲缘关系很近，而且性格同样温顺。我们掀开盖子，迅速地偷窥了一下蜂巢内部。它们根本不予理会，依然泰然自若。

完成在戴维斯的工作之后，该进行一次冒险了。春天的加利福尼亚州北部是博物学家的天堂。冬季的雨水使这里繁花似锦，郁郁葱葱。从四月到十月，除了最高的山上，这里几乎每天都可以见到太阳。这个地区的地理多样性和气候多样性非常突出，西部海岸笼罩在冰冷的海洋和温暖的空气造成的雾气之中，它们滋养了壮观的红杉树林，我曾有幸前往参观过它们。向着内陆的方向朝东去，红杉树林让位给了地中海灌木，再往东便是中央山谷的耕地平原，最后便是巍峨的落基山脉。

虽然富兰克林熊蜂曾经的活动范围位于戴维斯的正北方，但是我决定先前往西北方的海岸山脉。在那里，戴维斯分校有一片规模不小的自然保护区。麦克劳克林保护区占地7 000英亩*，由加利福尼亚州本土草本植物和稠密交缠在一起的灌木丛构成。在世界其他地方，这种栖息地几乎已经完全消失了。保护区的管理员保罗非常热情地带我参观这里。麦克劳克林原来是个金矿，但是金子枯竭之后，土地已几乎不
114 能使用，便转交给了加州大学。这里有些地方受到了采金的严重污染。采金是对环境污染最大的工业之一——每生产一枚戒指所需的0.3盎司**金子，就要产生约20吨含有汞和氰化物的有毒废物。据说在减少环境破坏方面，在麦克劳克林采矿的公司比其他公司做得要好，保护区的大部分并没有因采矿而遭到严重破坏。然而，麦克劳克林本就有些与众不同，因为它位于蛇纹岩之上。这种岩石本身就含有多种有毒金属。所以，这里的土壤中含有大量的镁和铁，而大多数植物无法在这种土壤中生存下来。大部分曾经长满加利福尼亚州本土植物的草地都变成了农业用地，那些没有变成农田的地方则遭到了欧洲野草的严重入侵。这些欧洲野草好像非常适应加利福尼亚州的气候，它们战胜了一切。麦克劳克林的蛇纹岩

---

* 1英亩≈0.4公顷。——编注

** 1盎司≈28.3克。——编注

提供了一些能够对抗入侵者的保护手段。上千年的进化使一些本土花卉适应了这里的土壤，同时由于这里的土壤金属含量很高，这些欧洲入侵者无法轻易应对，因此欧洲野草在这里的入侵程度较小。尽管如此，有些还是成功了。因为这些入侵物种也在慢慢适应本地的环境，所以保罗与它们的战斗必将是一场长久战。

这片保护区的面积有7 000英亩，这就意味着用手拔草并不现实。所以，保罗迫不得已使用了除草剂，它们能选择性地只对付杂草。在保护区，这并非理想的举措。但对于这样一大片土地，在缺乏人手的情况下实在想不出更好的办法。幸运的是，乡土草种似乎对这些除草剂有一定的抵抗力。尽管它们的
生长状况也会受到一定的影响，却不会完全死掉。无论你对于 115
在保护区使用除草剂的合理性有什么样的想法，它确实有一定的作用。保罗带我参观了一些没有处理过的区域，那里花很少，主要是疯长的杂草。相比之下，附近用除草剂处理过的草地则是另一番景象。那里至少生长着四种羽扇豆，呈现出蓝色、黄色、奶油色等多种颜色。还有生机勃勃的卡罗来纳翠雀花，它们像许多蓝色的小塔，壮观极了。地上长满了乡土植物黄车轴草，像是铺了一层地毯，其他的花好像是从这个地毯上冒出来似的。

这一天我们非常愉快，检查入侵杂草和恢复地区的状况，

还在狭窄的小溪里匍匐着寻找国家级濒危物种加州红腿蛙。据称或许有人在麦克劳克林见过它们，因此保罗非常热衷于验证其可靠性。当然，我依然着魔一般地捕捉熊蜂，鉴定种类，期望能够找到未曾发现过的富兰克林熊蜂种群。但我们两人都没有达到目的，既没找到富兰克林熊蜂，也没找到加州红腿蛙。不过，我找到了一个加州熊蜂的巢穴。工蜂们正在从干土的裂缝里往外飞，估计下面是个废弃的兔子窝。加州熊蜂并没有出现在这个保护区的记录之中。所以，这一天的折腾也不是完全没有结果。

从麦克劳克林出来，我向北进发，该去拜访富兰克林熊蜂曾经的栖息地了。我沿着5号洲际公路进入中央山谷的中心，穿过了一望无垠的庄稼地，一排排的庄稼整整齐齐，还经过了几千英亩杏树。这并非加利福尼亚州最大的杏树种植区，最大的一片还在南边，位于旧金山附近。尽管如此，这里的杏树种植面积依然大得惊人。在英国，哪怕是沼泽区中心的耕地，与这里的工业化粮食生产比较起来，简直就是微不足道。咱们来看几个数字吧：加利福尼亚州有80万英亩杏树，杏的产量占全球的80%，价值约50亿美元，约7 000亿
116 枚杏。这在任何人眼里都是非常庞大的数字。

与布宜诺斯艾利斯西部的农业带类似，从长远来看，这种生产粮食的方法是否可取，或者是否能持续发展还是一个

尖叫熊蜂

图片来源：Ivar Leidus/ Wikimedia Commons

红尾熊蜂

图片来源：Ivar Leidus/ Wikimedia Commons

红柄熊蜂

图片来源：Kjell Magne Olsen/ Wikimedia Commons

明亮熊蜂与白车轴草

图片来源：Jonathan Kington/ Geograph and Wikimedia Commons

欧石南熊蜂

图片来源：Ivar Leidus/ Wikimedia Commons

长头熊蜂

图片来源：Ivar Leidus/ Wikimedia Commons

比利牛斯熊蜂

图片来源：Hectonichus/ Wikimedia Commons

熊蜂蚜蝇

图片来源：Martin Andersson/ Wikimedia Commons

四色盗熊蜂

图片来源：Arnstein Staverløkk, Norsk institutt for naturforskning/ Wikimedia Commons

卡氏熊蜂

图片来源：Natuurbeleven/ Wikimedia Commons

西部熊蜂

图片来源：Stephen Ausmus, USDA ARS/ Wikimedia Commons

金巨熊蜂

图片来源：Pato Novoa/ Wikimedia Commons

蓝铃花林地

图片来源：Edmund Shaw/ Geograph and Wikimedia Commons

值得探讨的问题。在加利福尼亚州，集约农业对环境造成了巨大压力，已经开始出现裂缝——这里的“裂缝”就是字面意思。生产一枚杏需要大约5升水，这样算来，杏农需要35亿立方米的水进行灌溉。当然，还有很多其他庄稼需要灌溉。我曾开车经过被大水漫灌的大片农田，那里简直就是巨大的方形浅湖，目的就是让土壤保持湿润，以便种植甜瓜、玉米、西红柿、辣椒和马铃薯。我们人类的家里、花园里和高尔夫球场上也需要大量的水。近些年，加利福尼亚州降雨不多，所以出现了水短缺的问题。有些杏农有权使用日益减少的河水进行灌溉，其他人则没有这样的权力。他们只好在地上钻孔，这些孔一直延伸到地下蓄水层，利用水泵抽水进行灌溉。这下可忙坏了凿井人，他们的订单已经排到了一年后。以前，他们只需钻150米便可找到水源；如今，这个数字已经翻倍。这无疑增加了钻井和抽水的费用。当然，还有另一个让人担心的问题：已经存在了数千，甚至数百万年的蓄水层正在消失。现在，对于抽多少水、挖多少井并没有相关规定。这股新的“淘金热”正使加利福尼亚州面临“寅吃卯水”的局面。而且，这个问题不仅限于加利福尼亚州。在美国，每年有25立方千米的地下水被抽出来，这个数字真让人惊掉下巴。

使用蓄水层会导致地下水的枯竭，这显而易见。除此之
外，还会导致一些其他问题。地下水中含有很多溶解盐，在 117

上千年的时间里，它们从周围的岩石中吸收而来。加利福尼亚州总体上是一个气候温暖、阳光充足的地方，所以土壤和庄稼叶子中的水分蒸发很快，而盐分是跑不掉的，它们便在土壤中积累起来，威胁到了庄稼的生长，并最终导致庄稼死亡。许多农民意识到他们的杏树已经显示出了盐胁迫的初期症状，如缺少叶绿素导致树叶苍白，叶子边缘也变成了棕色。除掉土壤中的盐分并非易事，充足的降雨会把盐分慢慢冲走，但是近几年这里的降雨量实在是稀少。

如果这些还不值得你关注的话，那么请看另一个事实：蓄水层的消失正在导致中央山谷的下沉。根据美国国家航空航天局2015年的数据，有些地方的土地每个月下沉五厘米，累计已经下沉了两米，对房屋、道路、水渠和桥梁都造成了破坏。

除了水，这些面积庞大的果园还有其他需求。我之前已经提到，杏农在二三月时需要引入蜜蜂进行授粉，这需要全美85%的商业蜜蜂蜂箱。每到这时，170万个蜂箱，约800亿只蜜蜂从美国各地运来，为这里的2.5万亿朵杏花授粉。对大多数蜜蜂来说，这只是它们漫长年度旅行中的一站。在为这里的杏树授粉之后，它们会被带去北方，为华盛顿州的苹果和樱桃授粉。夏季到来时，它们又去东方，为北达科他州和南达科他州的苜蓿和向日葵授粉。八月时，它们还要去宾

夕法尼亚州，为那里的南瓜授粉。等冬季到来，它们再返回
佛罗里达州。有些蜜蜂走不同的路线，它们先到得克萨斯州
为美国南瓜提供服务，然后去威斯康星州为蔓越莓授粉，最
后去密歇根州或缅因州为蓝莓授粉。有些蜜蜂每年要行进两
万公里，但就目前而言，杏树果园是为养蜂人带来最大利益
的一站。作为全球最大的商业授粉活动，在授粉的两三周里， 118
每个蜂箱要价高达200美元。随着蓄水层的下降，租赁蜂箱
的价格开始攀升。十年前，每个蜂箱仅需75美元。价格的上
涨由两个因素造成：一是杏树面积的增长导致授粉服务的需
求增加了；二是商业养蜂人面临着蜜蜂死亡的问题，这导致
了蜜蜂供应量的降低。可怜的蜜蜂承受着来自各方的压力：
它们需要对付各种庄稼上的杀虫剂，要对抗外来病原体和寄生
虫，还要忍受奇特的单调饮食。整整一个月里，它们的食谱中
只有杏花，接着是一个月的樱桃花，再来一个月的向日葵。尤
甚于此，它们需要一次次地被密封在蜂箱中，在隆隆的卡车上
颠簸几天。这肯定让它们感到困惑不已，压力重重。难怪美国
的养蜂人一直在努力保证有足够多活着的蜜蜂来满足杏树授粉
的需求。戴维斯的科学家估计，到达杏树果园的单个蜂箱中，
蜜蜂的平均数量从几年前的约19 000只降到了现在的12 000
只。养蜂人提高了分巢的频率，以此来弥补蜂群死亡带来的损
失，但这导致蜂群规模越来越小，也越来越脆弱。

很明显，整个系统正徘徊在崩溃的边缘。如果干旱继续，或者蜜蜂的问题变得日益严重，那么加利福尼亚州的农业可要陷入巨大的麻烦中了，杏农们要面对的问题尤其棘手。当然，可以通过鼓励野蜂进入杏园来解决其中的一个问题。尼尔的团队研究重心是田地里的庄稼，但是更好的办法是在杏园里混种
119 一些野花和天然植被，以便为本土蜜蜂提供食物和筑巢地点。

虽然我们都知道杏树靠蜜蜂授粉，但有证据表明当有野蜂存在时，蜜蜂的努力会更有效果。克莱尔·布里顿是与尼尔·威廉姆斯和克莱尔·克雷曼合作的博士后，他的研究表明，如果杏园中同时出现其他蜂，那么蜜蜂的行为也会发生改变。在那些远离本土植物，因而没有其他蜂存在的杏园里，蜜蜂通常在花朵之间行进的距离很短。中央山谷边缘地带的杏园里，经常有分条蜂和其他本土蜂光顾。在那里，蜜蜂在杏树间的移动距离更远，也更加频繁。可能是因为蜜蜂试图躲避竞争，所以当它们嗅到本土蜂的味道时，便躲远一些（我猜是这种情形）。你可能好奇蜜蜂的飞行距离有什么要紧，其实这与杏园的种植布局有关。农民们通常把不同品种的杏树分排种在同一地块中。与苹果类似，不同品种的杏树不能自己授粉，它们需要另一品种的杏树来完成授粉。所以，只有当蜜蜂在不同排杏树间穿行时，才能实现有效授粉。克莱尔估计野蜂能将产量提高5%甚至更多，这看起来好像不多，

但请别忘了，杏的销售能创造50亿美元的价值，它的5%可不是小数目。当然，如果蜜蜂有什么意外的话，那些本土蜂就显得更重要了。如果我是一个杏农，我肯定会给它们留出生存空间。

野外非常荒凉，我一路向北，中间只做了一次短暂的逗
留，去路边一家小餐馆匆匆地喝了一杯咖啡。这家小餐馆的
一个角落里站立着一头凶恶的灰熊雕塑，实在是与众不同。
到了中央山谷开始变窄的地方，山从两侧包围上来。此后路
不断上升，5号洲际公路也更名为“级联仙境公路”。这里非 120
常漂亮，两侧的针叶林一望无垠，山顶积雪的沙斯塔山在远
处赫然耸现。几天前，我曾在空中俯瞰过这座山。进山公路
的很大一部分都与萨克拉门托河并行。湍急的河水奔腾向南，
去灌溉中央山谷的杏园。在接近火山口的南侧，道路突然转
向西，绕过陡峭的山脉，经过了一座有些偏僻，而且名字与
众不同的小镇——杂草镇。我在那里稍作停留，吃了顿午饭。
我对那里唯一的印象是小镇的入口处有一块牌子，上面写着
“杂草欢迎您”。虽然它留给我的印象不深，但当听说2014年
它毁于野火时，我还是感到非常伤心。经过杂草镇之后，公
路蜿蜒穿过绵延近百千米的森林，到达了俄勒冈州的边界。
大约仅仅走过15千米的下坡路之后，我便到达了阿什兰镇。

我的富兰克林熊蜂寻根之旅抵达了一座旧式的乡村小镇。

镇中心是一些古老的木隔板房，若隐若现地坐落在长满鲜花的草地上，东侧映衬着雪山，漂亮极了。对我来说不太走运的是，当地的露天剧场正在演出莎士比亚的戏剧，所以旅馆全满员了。阿什兰镇带有一种令人着迷的艺术感和嬉皮士风格，好像有人把旧金山的一片撕下来，抛在了俄勒冈州的乡下。我最后住进了小镇边缘的一家汽车旅馆。那里没什么特别的，不过周围有美丽的山景，也算是一种补偿吧。接下来几天，我手拿捕虫网，徒步探索了这个地区，渴望找到富兰克林熊蜂。

在这里寻蜂比在老家多了几分危险。在灌木丛中来回奔跑地追蜂可不是明智之举，因为这里到处都生长着太平洋毒漆。所幸，在麦克劳克林，保罗曾经给我描述过它们的长相，
121 并且警告过我，一旦接触了它们像橡树叶一样浅裂的闪光叶子，皮肤便会出现水泡，进而变成伤口，需要几周才能痊愈。我尽最大努力躲开它们，最终只出现了轻微的刺痛。让我这样一个英国人胆战心惊的是，这里的石头小路上时常能见到响尾蛇。第一次遇到响尾蛇时，我先听到声音，然后才看到了它，那声音就像干涩的齐特琴。我傻乎乎地以为听到了蝉的声音，便穿过灌木丛去看。好在为了躲避太平洋毒漆，我移动得很慢，所以我及时发现了这条粗壮的棕蛇，不至于靠得太近。它用那种所有响尾蛇都有的恐怖神情凝视着我，尾

巴发出咯咯的声音，作为对我的警告。在这个时节，它们刚刚从冬眠中苏醒，所以通常都无精打采。我随后看到的大多数响尾蛇只是把三角形的头从洞穴中伸出来，引起我注意的都是它们迅速返回洞穴的动作。

春回大地时，到这里探索是一段令人愉悦的经历。我又变成了到处乱跑的孩子，一手拿着捕虫网，另一只手拿着相机，沉浸在自然的美景和声音中。清早时，到处都是可爱的山齿鹑，它们跑得很快，冠毛出奇地蓬松，有点像20世纪80年代新浪漫主义乐队中的成员。当我靠近时，它们会从灌木丛中蹦出来，然后像上了发条的玩具一样，沿着小路一歪一斜地向前跑。长耳大野兔悠闲地跑来跑去，它们倒是非常镇定，仿佛是那大得过头的滑稽耳朵让它们减缓了速度。树上的小动物们正在酣战，或许是为了争夺夏天的领地，也可能是春天的荷尔蒙正在它们的体内发挥作用，以致森林里吵闹不已。西丛鸦和北美灰松鼠似乎已经彼此宣战，在树冠之中展开了游击战，估计是在争夺相同的食物资源。不过，在我
看来，二者好像都没有必胜的武器装备。与此同时，橡树啄 122
木鸟们也正啄得你死我活。这种鸟儿有些不同寻常，它们以家庭为单位生活在一起，分担着照看巢穴的工作。为了储存越冬的橡子，它们有一座特殊的“粮仓”。那是一棵树，被它们凿出无数个橡子大小的洞。经过一段时间，橡子会变干、变

小，这些鸟儿便会花上冬天的几个月时间转移这些橡子，为它们寻找更加合适、能塞得更紧的洞。很可能这些鸟儿之间的争斗是为了冬天最后的贮藏。有一次，一对争斗中的鸟儿从树上掉下来，摔在了我面前两步远的地方。它们的腿缠绕在一起，每个都想要啄瞎对方的眼睛。所幸它们注意到了我，朝不同方向飞开了，明显没有受伤，也让我为它们松了一口气。

这里生活着很多熊蜂。大部分我和罗宾一起找到的物种这里都有，而且还有很多我之前没有见过的，比如名字很好玩的绒角熊蜂。这种熊蜂头部毛茸茸的，却没有带辨识性的角。我捉了几百只不同的熊蜂，察看后发现其中有很多是刚从冬眠中苏醒过来的蜂王。毫无疑问，我没有发现富兰克林熊蜂。因为之前有过在阿根廷寻找金巨熊蜂而不得的经历，所以这次我并不太惊讶。这一定是距离最远的投篮了，毕竟这是一种本地专家苦苦寻觅六年而不得的熊蜂。有一次，我短暂地激动了一下，不过很快意识到我捉住的不过是一只长相极为相似的阴暗熊蜂的蜂王。

几天后，我该挂靴飞回南方的家乡了。我走了一条适合观光的路线，沿着这条风景优美的路线，向东进入了喀斯喀特山脉，然后又折向南进入内华达山脉。不过，我没有时间，所以无缘欣赏。在加利福尼亚州的最后一个夜晚，我住进了塔霍湖南岸一家又小又寒酸的汽车旅馆。这片湖坐落在内华

达州边界的齿状山脊之上，位于萨克拉门托正东方，海拔 123
2 000米，翠绿色的湖水如田园诗一般美丽。加利福尼亚州的富豪们会来这里聚会，因此湖岸分布着众多赌场，弗兰克·辛纳特拉偶尔在这里唱几次歌。据说，约翰·F. 肯尼迪和玛丽莲·梦露曾在树林中的一座小木屋里幽会。不过，我斗胆猜测，那座木屋肯定比我住的好很多。我坐在高大的冷杉树下的原木长椅上，享受着黑麦面包、西红柿和一种由本地山羊奶制成的味道浓烈却可口的“洪堡特雾”奶酪。不过，我得时不时停下来，好击退一帮胆大包天、觊觎我的美味的金花鼠。水龟慢慢地拖着身子来到湖岸旁的岩石上，享受日落前的最后一缕阳光。朝湖的北侧和东侧望去，雪山和被密林覆盖的山谷层峦叠嶂，消失在远处的薄雾之中。落基山脉范围广大，很多地方我们无法到达。对很多昆虫学家而言，即使有幸见到富兰克林熊蜂也无法将它们识别出来。或许富兰克林熊蜂现在只存在于罗宾的记忆之中，正如他在戴维斯的办公室中那几只被钉住的标本一样。[29]当然，故事也可能是另一番情景。或许在某个地方，在一座病原体无法到达的山谷中，还幸存着一些富兰克林熊蜂，也有可能生存着那些具有一点点自然抗性的个体的后代。我确信罗宾还会一如既往地在原来的栖息地寻找富兰克林熊蜂的身影，直到他最终因物种的
灭绝而败下阵来。哪怕他只能再找到一只，那也很好哇！ 124

第六章

厄瓜多尔和挣扎的熊蜂

愿你走过的小径曲折蜿蜒、人迹罕至、充满危险，能够通向最令人惊奇的景色；愿你爬过的山脉高耸入云。

——爱德华·阿比

为什么学生们总是走得那么慢？这个问题困扰我很多年了。我工作的每所大学都有长长的走廊，每个学期都塞满了一群群漫无目的、慢慢吞吞的学生。确实，有些学生身体超重，这让他们不得不放缓脚步；还有些正在进行视频通话或用手机免提聊天，这严重分散了他们的精力，让他们无法完成把一只脚放到另一只脚前面这一复杂任务。但即使有些人并没有联入互联网，也没有受到垃圾食品的残害，他们走起来一样慢慢吞吞。或许是他们拥有大把的时间无处打发，都怪学校没有给他们布置充足的任务。无论出于何种原因，他们这种不紧不慢的样子都让我难以忍受。因为我一般情况下都非常忙碌，他们成了我需要绕过的一个又一个移动障碍，没有尽头。我通常都是从一个地方跑到另一个地方，甚至在学校的走廊里也是如此。在穿过校园时，我几乎每次都是跑着前进。我知道这对你们来说很不可思议，但这确实是事实。
125 只要有机会，我尤其喜欢跑着上楼。所以，当有一群臀部巨大的学生挡住楼梯时，我简直会抓狂。人生太短暂了，可不能那样悠闲地混时间。

考虑到我对缓慢行动的不耐烦或许已经到了完全不可理喻的状态，独自落到后面更是让我觉得自己愚蠢的男子气概荡然无存。这是2014年9月的事。当时，我们正走在安第斯山脉高处一条泥泞、陡峭的小路上，我被落到了一群学生的后面。公共汽车把我们送到了所能抵达的最远的地方，这里到我们的目的地还有6 000米的丛林小路要走。所以，我和十三个学生、两名员工在湿滑的路上开始艰难前行。我们的背包和装备被捆扎成巨大的包裹，大得连四头强壮的骡子都难以应付。当最后一名学生消失在我面前雾蒙蒙的森林中，只留下我气喘吁吁、大汗淋漓时，我想到了年龄、海拔、时差综合征，但不管找什么借口，也很难弥补我受到伤害的自尊。当小径钻入云中时，我被远远地落在了后面。后来我才知道，这是因为食物中毒，后果才刚刚开头。很有可能是前一天时，我在基多的一个路边小摊上吃了一大块的肉馅油酥糕点导致的。接下来几天，我虚弱得像小猫一样。

我们之所以来这里，是为了参加萨塞克斯大学一个为期两周的实地考察课程。学生们需要学习云雾林的生物多样性，了解其生态特征。云雾林是生长在安第斯山脉1 500米至4 000米处陡峭山坡上的高海拔雨林，因其拥有种类繁多的鸟类、兰花、蝴蝶等物种而闻名。厄瓜多尔被南北走向的安第斯山脉一分为二，是世界上物种多样性最丰富的地区之一。在厄瓜多尔，位于安第斯山脉东侧的部分地区属于亚马孙盆地，这里的雨林保护得较好。安第斯山脉西侧的部分人口密 126
度较大，农田之间一片片的热带森林和长满棕榈的海滩吸引着众多希望体验不同于加勒比海风光的游客。远离西海岸的加拉帕戈斯群岛也属于厄瓜多尔。安第斯山脉本身同样包含着多样的栖息地，既有顶部积雪、不断喷洒灰尘的荒凉活火山，也有葱绿的高地云雾林，还有生长在树线以上的寒冷的高山草甸——帕拉莫群落。虽然面积比英国大不了多少，但厄瓜多尔拥有地球约10%的动植物种类，数目之多让人惊讶。这里生活着317种哺乳动物、460种两栖动物和410种爬行动物（在英国，它们的数量分别是101、7和6）。当然，没人知道厄瓜多尔有多少种昆虫，但迄今记录的蝴蝶已经达到了4 500种（英国有70种）。

我坐在路旁喘口气，汗流浃背。长着透明翅膀的蝴蝶在树冠的阴凉中如鬼魅一般飞过。它们翅膀的大部分地方都没有显色的鳞片，所以，除了一些纤细的黑色纹路和翅脉以外，其他地方都是透明的。一只带金色条纹的黑色袖蝶[30]正毫不费力地在路上飞行，绕着我挥舞翅膀，或许它曾经短暂地把
127 我的红衬衫当成了某种奇特的花。我注意到路旁的河岸上有一个被蛛丝覆盖的洞穴，一只巨大的捕鸟蛛从里面伸出了前两条毛茸茸的腿。大蜘蛛总让我心惊肉跳，于是，我决定继续前进。

我终于爬到云层之上的目的地。这里海拔约1 800米，一座小木屋坐落在山顶的一块空地上，四周的景色令人叹为观止。云层笼罩着幽谷，森林密布的山峰屹立云端。蜂鸟盘旋在小屋四周漂亮的灌木丛中，一些奇异的鸟儿在周围的森林中鸣叫，多彩的蝴蝶正驾着上升的暖流轻快地飞翔。

圣卢西亚云雾林保护区是一个社会性的尝试，由十几个本地家庭创立。这些家庭很难单纯依靠小农场谋生，所以就另谋出路。他们把土地整合成巨大的自然保护区，保护了735公顷的森林。为了谋生计，他们为游客修建了小屋，所需的一切材料都是用骡子或者是自己运上来的。不过，我还是无法想象他们是怎样把一整块做窗户用的玻璃弄了上来。有一段时间，他们生意艰难，游客稀少。直到米卡·佩克到来之后，情况才有所改善。米卡是萨塞克斯大学的环保主义者，

四十来岁，不过还像个小男孩似的。他幽默亲和，整日忙于厄瓜多尔和巴布亚新几内亚地区的各种雨林环保项目。他从一家名为“地球监察”的组织那里获得了一笔资金，选派了一些志愿者赴圣卢西亚研究野生动植物。志愿者们需要为这一优先权支付一笔费用，其中很大一部分进入了村民的口袋，这对他们刚刚起步的生意来说好比天上掉下来的馅饼。米卡和“地球监察”团队每年来这里一次，已经来了四年。他们的钱改善了这里的小屋条件，不仅建了更多更为舒适的卫星小屋，还建造了热水供应系统（在这么偏远的地方，这可是 128
了不起的成果）。米卡又为萨塞克斯大学的本科生在圣卢西亚开设了实地考察课程。有几所大学也效仿而至，从而给当地人带来了稳定的收入。虽然未来仍然未知，但目前而言，这里的生意总算能维持下去了。

很有意思的一点是，圣卢西亚是作为一个联合体经营的，没有负责人。众多的联合所有者和他们的家人共同出资，进行管道维修，提供导游服务，清理厕所，所有需要做的事情都是由大家共同完成，而且似乎大家都欣然接受。米卡承认，这一切的幕后肯定非常混乱，尤其涉及重大决定时更是如此。不过，从整体来看，这里似乎运转相当良好。

圣卢西亚的森林中，濒危物种的种类多得让人惊讶，其中包括数量众多的眼镜熊。帕丁顿熊就属于这个物种，不过它来自邻国秘鲁[*]。最近几十年，这些熊饱受伤害，其一是栖息地的丧失；其二是非法猎杀。十分荒诞的是，它们的爪子售价20美元；它们的胆囊被认为是珍贵的药材，售价高达每只150美元。（此外，还有一些其他极度濒危动物的身体部件也被视为药材，似乎是随机选定的。）要知道在厄瓜多尔，每个月的平均工资只有30美元，所以，我们不难理解，为什么一个有枪的无良之人会受不住诱惑而去射杀它们了。

圣卢西亚的森林中还有许多其他哺乳动物，如细腰猫、虎猫、南美小斑虎猫、长尾虎猫、狐鼬、蜜熊和有点危险的美洲狮。美洲狮是现存体形最大的猫科动物。（令人伤心的是，这个地区的美洲豹在几年前因猎杀而灭绝了，但圣卢西亚保护区的所有者们希望，未来有一天它们能够重返这里。）

129 估计你能想象出来，因为有望见到这些令人惊奇、有异域感觉的野生动物，甚至还有可能见到美洲狮或者熊，学生们都兴奋不已。他们中的大多数之前没有机会考察热带地区。不过，我去那里有一个不可告人的目的。杰里米·菲尔德是另一个团队的成员，他曾多次到访过这里，并在这里见到过熊蜂。杰里米并非熊蜂专家，他的研究对象是那些“社会性较低”的胡蜂和蜜蜂，也就是那些介于独居生活和社会生活

---

* 帕丁顿熊是英国著名的卡通形象。

之间的物种。[31]尽管如此，见到熊蜂时，他还是能辨认出来。我们几乎对生活在南美洲热带地区的熊蜂的生态和行为一无所知。对于大部分的熊蜂，我们的知识来源仅限于博物馆中几只被钉住的标本。杰里米告诉我，他也在这里见过兰花蜂。这种蜂非常漂亮，体形大、颜色丰富，仅见于新热带地区。所以，我既有可能见到并研究人们知之甚少的生物，又能完成教学工作，这种诱惑实在难以抵挡。

傍晚，到达小木屋后，我们尝到了最美味、浓郁的热巧克力，是由山谷中种植的可可豆制成的。住在这里是一种非常美妙的经历，既原始又不乏舒适。我们到达之后不久天就黑了。在热带地区，白天到夜晚的过度非常短暂，太阳像一块石头般从天空落下。夜幕降临时，我们坐在阳台上倾听自 130
然的声音。森林中的夜行动物醒过来，开始为彼此奏响小夜曲，或是打响争夺地盘的战争。我们只能猜测到底是什么东西在发出这些形形色色的叫声。有些优美，有些怪诞，有些让人无法忘怀，还有些只是永不停歇的嗡嗡声和咯咯声。是蟋蟀、蝉、青蛙、夜鹰或林鸮之类的夜行鸟类，还是其他不为我们所知的奇特生物？萤火虫开始在树丛间闪烁，蝙蝠从建筑的屋檐下飞出来。我上次来热带地区是十多年前的事了，这回重访更有一种神奇的感觉。

这里没有电，我们只能借着烛光进餐。食物很简单，只有米饭和豆角，不过味道很好，尤其是经历了在森林中令人精疲力竭的漫长徒步之后，感觉饭菜也更加香甜。我本来很轻易就可以再多吃一倍，奶酪也不必缺席，当时我的肠胃不适还没开始呢。我们的大部分食材都产自小屋旁边的一个有机菜园，它们也会被带到距离最近的村子上去销售，距这里约8 000米，由骡子驮过去。这种方法不仅恰当、应季，而且食物运输的里程也非常短。哪怕最近的超市在月球上，又有何妨？我们早早地就上床了，尽管十分疲惫，却也异常兴奋，期待第二天的收获。

第二天早上，窗外一只蜂鸟在开花的灌木上进食发出的咕噜声吵醒了我。山谷中的云雾已经散去，太阳从东方照耀着群山。借助大量咖啡，早饭的水果和酸奶迅速下肚。那天上午我们步行到林中去熟悉场地，我又一次加深了对它们的认识。米卡对这些森林了如指掌。他带头走在一条狭窄、蜿蜒的林间小道上，我走在最后，方便停下来察看引起我注意
131 的东西。用扶臂支撑的巨树笼罩在我们的头顶，树上点缀着附生植物——这些植物没有扎在土壤中的根系，而是长在其他植物之上。树枝上长满了兰科植物、凤梨科植物和蕨类植物，种类之多简直不可胜数。在厄瓜多尔，光是兰花就有2 500多种。经常浸润在云雾之中，给这里的森林带来了充足的水汽，使附生植物得以生存。凤梨科植物还另有高招：它

们叶子上的沟槽可以捕捉雨水，汇入中心的“井”中。这样，每棵植物都有一座专用的小型水库。这些空中水池本身也是许多野生动物的家园，为食蚜蝇的幼虫和蝌蚪等动物提供了生存空间。

很快我便发现了第一只熊蜂，而且是一只雄蜂。引起我注意的是一种熟悉的嗡嗡声，比云雾林中大多数昆虫发出的声音音调都要低。我之前的移动打扰到了一只正在路旁休息的蜂，所以我停下来观察它。不久，它再次停下来休息，降落在某种低矮植物心形叶子的尖端，距地面约一英尺左右，在小路一侧阳光斑驳的区域里驻足。随后，我发现的大多数熊蜂也都生活在类似的环境中。这只熊蜂看起来与英国的种类没有太大的区别：它们个头差不多，体形类似，两根黄色的条带和白色的尾部点缀在黑色的身体上。如果你能把长颊熊蜂的前半部分剁下来，然后与眠熊蜂的后半部粘在一起，大概就能得到我见到的这个家伙。（不过，我猜想大多数人还是不理解它们到底是什么样。）当时，我不能确定它的身份，但随后的调查（我们咨询了伦敦自然历史博物馆的熊蜂分类专家保罗·威廉姆斯）显示它是园丁熊蜂。

这只熊蜂的行为与之前我见过的大相径庭。它蜷缩着身子，触角向前突出，腹部抖动着，一副警觉万分、随时准备
攻击的态势，与人印象中熊蜂放松的样子完全不同。它躁动 132

不安，隔几秒钟便会发狂般地在叶子上变换一下位置，并冲向从它旁边飞过的任何东西。不久我注意到，并不独此一只，还有两只雄蜂停在附近，相隔仅一米左右。它们会追逐飞近的其他昆虫，如果在打斗过程中进入了另一只熊蜂的势力范围，则会受到攻击。两只熊蜂会疯狂地纠缠在一起空战几秒钟，然后返回各自的地盘。它们并不总待在一个地方，似乎每一只熊蜂都有几片最钟爱的叶子，彼此靠得很近，它们就轮流在这些叶子间栖身。

我意识到团队中的其他人都走远了，便迅速用彩带在小树枝上做了个记号，跑了几步追上去。这时，我开始感到恶心。我回想起刚才的情景，这种行为好像与求偶有关。熊蜂的求偶行为有点神秘，达尔文在英国肯特郡唐恩宅的花园中第一次研究了这一行为。许多种熊蜂的雄蜂会用信息素标记出长约200米的环形，达尔文研究的长颊熊蜂就是如此。众多雄性熊蜂绕着环形一圈一圈地转，而且方向相同，就像是开足马力的赛车，估计是为了给雌蜂留下深刻印象。但奇怪的是，那些处女蜂王对这些赛车手傻里傻气的举动好像没什么兴趣，根本就不予理睬。在其他熊蜂种类中，如眠熊蜂，雄性更直接。一大群雄蜂激动地等在即将有新蜂王出现的巢外，当蜂王出现时，雄蜂便直接把它们掳走。另外几种熊蜂的雄蜂则聚集在山顶，等待着处女蜂王的到来。不

过，仍然没有人见证过蜂王到来。我之前见过很多次雄性熊
蜂的这种行为，厄瓜多尔的雄性熊蜂明显表现不同。 133

我记得人们还从一些生存在北美洲和亚洲的熊蜂，如内华达熊蜂的身上记录了第四种行为，这种情形中的雄蜂有极强的领地意识。据说这样的雄蜂有突出的大眼睛，帮助它们发现进入视线的蜂王。这些突眼的家伙会为长期的栖息地而争斗，并把这些栖息地作为瞭望台，以便发现潜在交配对象，同时也瞪大眼睛留心竞争对手。一旦发现有处女蜂王到来，它们便像战斗机飞行员一样紧急升空，在空中拦截蜂王，拖到地面，毫不客气地强行交配，连基本的仪式都没有。厄瓜多尔的熊蜂也会采取这种毫无美感的策略吗？它们并没有突出的眼睛，好像也没有固定的栖息地。不过，除此以外，它们的行为倒是非常类似。

在接下来的几天里，杰里米和我忙于教学生们如何辨认昆虫，我则每隔五分钟便跑一趟厕所。用来堆肥的厕所对环境来说可能是好事，但在热带地区，它们可不是你愿意去的地方，尤其是在原本就已经感到很恶心的时候。这让我没有时间再研究熊蜂的行为。我和学生们带着捕蝶网和扫网进入森林，前者用来捕捉飞行中的昆虫，后者通过击打灌木丛捕捉停歇中的昆虫。与在邓布兰小学教孩子们一样，教这里的学生如何使用这些捕虫网也妙趣横生。毕竟，经常出现一通

乱拍之后，除了把昆虫吓跑之外毫无所获的情况。我们向学生们解释怎样区分不同的昆虫，如蝗虫、甲虫、胡蜂、螳螂等。这些只是粗略地分类，每一类中还包括许多个不同的物种，但是再进一步辨别昆虫就很难了。在英国，有很多参考
134 资料可以协助我们辨识昆虫种类。科学家们对那里的动物进行了详细的描述和研究，发现新物种的可能性微乎其微。然而，在热带地区，一网下去便有可能捕捉到几个没有被科学家正式描述过的新种。据估计，我们现在命名的物种只占地球全部物种的五分之一。余下的五分之四中，很可能有相当大的一部分是生活在热带森林中的昆虫。捕捉到新种非常容易，但是辨认出网中哪些昆虫是新种则极其困难。不幸的是，现在只有极少数昆虫分类学家具备区分新种和已知种所需的丰富知识，而且这个数字还在日益减少，因为似乎没有人愿意资助这种工作。

尽管油酥糕点带来的影响仍在继续，但在森林中东奔西跑地寻找昆虫还是让我很激动。杰里米很好玩，在学校中，他是一位性格文静、说话轻柔、为人谦和的小伙子，也是一位受人尊敬的教授和昆虫社会行为与进化方面的专家；到了野外，他一下子变了一个人，非常激动，充满了十岁男孩才有的热情，拿着捕蝶网四处奔跑。很明显，他一直没有从喜爱虫子的时期中走出来。他还有一个优势：身材又高又瘦，

能够捕捉我够不到的昆虫。我们两个开展了一场比赛，看谁
能捕捉到最有趣的标本，于是我使出了浑身解数。我们又蹦
又跳地追赶昆虫，掀开木头和石头，在粪便里翻找，还涉水
到小溪里寻找有趣的生物。我们发现了各种各样奇怪的生物。
我捉到了一只非常罕见的齿蛉，它个头很大，样子特别原始，
和草蛉有亲缘关系。它们的上颚巨大，但其实也很脆弱。杰
里米找到了一只黑蜣，来回应我的齿蛉。黑蜣也是个大块头，
全身黑色有光泽，能发出吱吱的叫声。它们肯定用这种叫声
与幼虫进行沟通。我又捉住了一只猫头鹰环蝶作为对他的回
应。它有一只小鸟那么大，翅膀上一对硕大的眼斑让它们看 135
起来就像一张实物大小的猫头鹰脸。杰里米又回应了一个更
好的——他找到了一只可怕的沙漠蛛蜂。这种动物有着黑天
鹅绒一般的外表，大小如我的拇指，还会用麻痹的捕鸟蛛喂
养后代。（我们有幸见到一只沙漠蛛蜂正在往洞里拖着一只蓝
色捕鸟蛛，这只无助的猎物一瘸一拐的，看起来很漂亮。）[32]
我们就这样一路前行，收获了丰富多彩的昆虫，其中包括纤
细的竹节虫、带刺且善于伪装的螽斯、能模拟发黄的树叶的
蛾子、匆匆忙忙的蜚蠊、装饰着奇特尖刺和突起的毛虫，如
此等等，不胜枚举。

对我来说，除熊蜂外，我们见到的最让人兴奋的昆虫或
许是兰花蜂。兰花蜂分为两大类，一类属于兰花蜂属。它们 136

有光泽，呈虹彩般的绿色，体形比熊蜂略小。它们像微型蜂鸟一样，无须降落就能在花朵上悬浮，用长喙探取花蜜。飞行时，它们身手敏捷，启动迅速，能在飞行过程中身体一动不动地悬停在空中探察周围的环境，只有翅膀在挥动。有意思的是，有一种本地的蝇也进化出了与兰花蜂类似的金属色泽和飞行模式，可能是为了愚弄鸟类，让后者以为它们也有螫针。

第二类兰花蜂的体形要大得多，它们身披浓密的绒毛，身上有橙色、黑色和黄色的条纹。根据杰里米的判断，它们属于马兰蜂属。当我第一次见到这样一只兰花蜂时，它的大小和毛茸茸的外套让我以为它是熊蜂的蜂王。但是细看之下，我发现它不是熊蜂。它的后足胫节膨大，这是所有雄性兰花蜂共同的特征。这些膨大的腿是中空结构，有一个小孔通向内部，用来储存有香气、易挥发的化学物质。这些物质对于吸引异性和求偶成功还是非常有效的。大部分雄性兰花蜂只从一种兰花上采集化学物质，而这种兰花慢慢变得只依赖这一种蜂授粉。在香水业中，有一种被称为“脂吸法”的提取工艺，即利用脂肪或油脂吸附的方法把香味从花朵中提取出来。雄性兰花蜂就是利用这种方法。它们从头部的下唇腺分泌一滴脂性液体滴放到兰花上，等液滴吸收了花的香气之后，兰花蜂便把液滴舀起来，储存在腿里。随后，脂肪被重新吸收回体内（花的香气不会被吸收），循环至下唇腺，等待下次使用。它们就用这种方法把花香慢慢聚集到腿腔之中。有时你能见到雄性兰花蜂为了抢夺这些化学物质而厮斗。它们把
对手制服，然后从失败者的腿中吸走脂性香气液滴，这样， 137
它们就不用再去花丛间奔波。在热带森林中，很难发现兰花蜂的巢穴。不过，据说它们的社会性介于独居蜂和群居蜂之间。雌性兰花蜂结成小群生活在一起，它们彼此地位平等，并且都会产卵。这与杰里米的研究方向正好相符，因为它们可以提供一些线索，让我们了解蜜蜂、蚂蚁等复杂昆虫生活进化初期的情形。要是能找到它们的巢穴就更好了。

正当我因这些兰花蜂而兴奋异常的时候，杰里米找到了他的“获奖作品”——两个微方头泥蜂的巢穴。这类蜂实在是太小了，只有三四毫米长，简直没什么可看的。但它们进化出了一种与其他群居胡蜂和蜜蜂完全不同的生活方式。它们以跳虫和蓟马为食，生活在丝做成的微小巢穴里。这个与核桃大小相当的巢穴用丝悬挂在树干的枝杈遮挡处，也有的吊在巨大的叶子之下。杰里米曾在巴西的大西洋雨林中研究过另一种微方头泥蜂，他发现其中的雄性也积极参与保卫巢穴的工作，这在蜜蜂和胡蜂中极为罕见。通常，雄性都非常懒惰，它们只承担一项任务——交配。因此，他渴望能深入了解这种厄瓜多尔的微方头泥蜂。

尽管我们竭尽全力捕捉昆虫，但是说到打动学生，我们根本不是米卡的对手。他之前曾出去设置了很多能自动拍摄野生动物的相机陷阱，目的是要捕捉森林中哺乳动物的影像。很快，他便拥有了眼镜熊和虎猫的照片，甚至还拍到了一只大型雄性美洲狮出现在距离小木屋只有几百米的位置。乔治·蒙比特在他的《野性》一书中曾说道："生活在危险野生动物已经消失的地区的人们，其实在潜意识中会怀念那些由
138 于对野生动物的恐惧而产生的刺激感。"我认为他说到了骨子里。如果知道那些美妙的生物就生活在我们周围，我们的生活无疑将会变得更有乐趣，到了夜晚，当我们拿着手电筒沿林间小路搜寻时尤其如此。这时，我们想象的不再是老鼠的沙沙声，而是突然变成了熊[33]的鼻息，或是美洲狮准备攻击时匍匐向前的声音。

每天晚上，我都在森林边缘靠近小屋的地方挂起一条白色的床单，并把紫外线灯光打在上面。在我们的眼中，这是一种有点怪异的紫色，但其实大部分被释放出来的光是我们看不到的。对昆虫来说，床单非常亮，因为昆虫的眼睛能捕捉到我们不可视的紫外线。打开灯几秒钟后，各种蛾子便飞扑上来。有些蛾子非常小，很不起眼，隐约点缀着棕色的斑点，有时翅膀还带有圆齿形边缘，这能为它们在树皮或枯叶上栖息提供伪装。还有些拥有非常显眼的彩色斑点，如奶油

色、黄色、橙色、红色等。在白色的床单上，它们很是醒目。但当它们栖息在长着菌类，或是被潜叶蝇留下了很多弯弯曲曲痕迹的树叶上时，这些斑点都是很好的伪装。有些蛾子体形硕大：大蚕蛾长着羽毛般的触角，用于感觉方圆几英里之内的雌性；天蛾飞得很快，它们流线型的身体强壮有力，长长的翅膀末端带尖，上面分布着绿色、棕色和黄色的花纹。
当天蛾因为激动或困惑而围绕灯光盘旋时，经常与别的昆虫 139
撞在一起。灯光也吸引了其他昆虫：大嗓门的蝉从一贯栖息的树干上被吸引过来；巨大的栗色金龟子舞动翅膀发出咔嗒咔嗒的声音，带着笨拙的板砖才拥有的优雅，一头撞上来，然后落到地上，又在原处折叠好翅膀，趴着不动，显然是被刚才的飞行累坏了；叩甲、胡蜂、蝇、蝽等也赶了过来，有些安安静静地靠在床单上休息，更多的则胡乱绕着圈飞行。这是大自然多样性的完美展示，就在一条白色的床单之上。学生们兴致勃勃地聚在床单周围，感受着这场昆虫暴风雨。当有奇异或漂亮的昆虫新成员到来时，他们一边指指点点，一边大声呼喊，丝毫不在意有蛾子落到他们的头上，甚至钻进了他们的衬衣里。

除了认识动物以外，学生们也有机会学习辨识植物。这次的老师是安娜，这位可爱的厄瓜多尔女士对山区的植物可谓是无所不知。我对厄瓜多尔的植物完全不熟悉，这些植物中的大部分科属在欧洲根本没有分布。所以，我一路都在努力地向她学习。即使是那些熟悉的植物科属，看起来也与欧洲完全不同。例如，在厄瓜多尔，一些菊科植物长成了30米高的树，实在难以看出它们与我家草坪上的雏菊和蒲公英哪里有相似之处。安娜解释说，许多本土植物已经适应了由蜂鸟授粉，拥有很深的管状花，且常为红色，这些是与蜂鸟的加长版喙协同进化而来的。这些漂亮的鸟儿在森林中无处不在，而且几乎每次都伴有翅膀的拍打声和叽叽喳喳的叫声。
140 不过，在茂密的树叶中，你很难看清它们的身影。

毛里齐奥是小木屋的共有者之一，每天黎明，他都带着我们去雾气蒙蒙的森林中观鸟。黎明是观鸟的最佳时机，这时，鸟儿们会发狂般地鸣叫大约一个小时，然后消失在茂密的树冠之中。不过，即使在这时，你也很难看清它们，因为它们隐身于高高的树上。但是，毛里齐奥能够惟妙惟肖地模仿多种鸟儿的叫声，因此可以对它们的叫声做出回应。这吸引了很多鸟儿从树梢上飞下来，争相察看新的竞争者或可能的伴侣，从而使我们大饱眼福。我们见到的很多鸟儿的名字本身便能说明问题，如火脸唐加拉雀、金头绿咬鹃、红嘴鹦哥、蒙面咬鹃、巨嘴拟鴷、扁嘴山巨嘴鸟等等。在这些漂亮的鸟儿之中，我最喜爱的是金头绿咬鹃。大约20年前，我在伯利兹的森林中花了很长时间想要一睹它们的芳容，但并未如愿，只能听见它们在远处鸣叫。这里的金头绿咬鹃特别温顺，尽管等了这么长时间，能见到它们也是值得的。它们长得胖乎乎的，体形和鸽子差不多，周身翠绿色，腹部的毛却是红色，在阳光下，它们绿色的脑袋呈现出虹彩般的金色。阿兹特克人和玛雅人把金头绿咬鹃视为“空中之神”，认为它们是自由、善良和光明的象征。他们首领的头饰就是由雄性金头绿咬鹃尾巴上的绿色羽毛制成，有半米长，被视为比黄金还要珍贵的东西。因为这些鸟被认为是“羽蛇神”的象征，无比神圣，所以人们会活捉它们，拔掉尾巴上的羽毛，然后再把它们释放。（对于神明来说，这种做法似乎也并不算敬重。）在圣卢西亚，有一只胆子很大的金头绿咬鹃经常来小木屋看我们。它停在院子边缘上的一棵树上，侧着闪光的头顶看着大家，倒真像是一位神明在好奇地俯瞰下面凡夫俗子的
愚蠢行为。 141

早晨散步回来之后，我们会在小木屋外挂着的蜂鸟喂食器旁暂停一会儿。这里面装满了糖液，吸引了十几只蜂鸟过来享用这些唾手可得的盛宴。这些鸟儿已经习惯了人类的存在，完全不理会近在咫尺的我们。毛里齐奥为我们一一说出它们的名字。想要不去喜爱蜂鸟实在是不可能——这些空中的珍宝每时每刻都非常活跃。由于种类不同，它们在头冠、喉咙和尾部拥有或红、或紫、或青铜色的不同羽毛。每次瞥

见它们，我都会忍不住微笑。不同种蜂鸟之间差异很大：雄性紫长尾蜂鸟尾部彩带般的羽毛比身体还要长；盘尾蜂鸟有松软的白色腿毛，尾部长着一对像线一样细的羽毛，尾部末端却扩展成椭圆的旗帜；有些种类的喙部短粗；有些又长又直，像锥子一样；茶腹隐蜂鸟的喙则像弯刀。偶尔，一只小林蜂鸟也会出来转一下。它们是世界上最小的鸟类之一，只比熊蜂略大一点儿，挥动翅膀的速度能达到惊人的每秒钟70次。这种近距离观鸟简直是傻瓜式的，与我所熟悉的英国观鸟构成了鲜明的对比。在英国，我需要拿着望远镜偷窥那些
142 一律棕褐色的鸟儿，实在是难以分清。[34]有了毛里齐奥的帮助，我们很快就可以辨识这些鸟儿了。在喂食器逗留期间，我们至少看到了17种蜂鸟。从黎明到黄昏，总有鸟儿过来进食。所以，我一有空便拉把椅子坐下来观察，还不时地傻笑。

在第五天，学生们自己分成了小组，并且开始谋划自己独创的项目，只从教师那里获得些许的指导。我负责指导两个小组：一组是三个想要研究蜂鸟行为的女孩；另一组是两个女孩，她们想要比较在原生林与砍伐区、次生林或受损林区中，蝴蝶和蛾子的数量差异。等学生们安排好任务，并且开始收集数据之后，我得以腾出精力来继续研究熊蜂。我搜寻了从小木屋辐射出去的所有小路。因为地形极其崎岖不平，这些小路都异常陡峭，通常是在令人晕眩的悬崖边上凿切出

来的，走起来十分艰难。从这些泥泞的小路上滑下去可不是个好主意。有些小路蜿蜒通向附近一座海拔2 500米高的山峰，还有一些垂直降到了仅1 300米的峡谷，在那里，山间的激流倾泻在圆形的巨石之上，五颜六色的蝴蝶在水边潮湿的沙滩上品尝盐味。幸运的是，那时我已从食物中毒中挺过来了，我的腿也恢复了力量。独自一人在这些偏远的森林中搜寻熊蜂，但同时下一个拐角就有可能与熊、美洲狮或睫角棕榈蝮面对面，实在是太刺激了。[35] 143

我找到了很多熊蜂，它们都是雄性园丁熊蜂，做着和以前相同的事：趴在叶子上，紧张地颤动着，好像小能量球一样。有些园丁熊蜂结成了小群，有二至五只；还有些单独活动。它们都在激烈地保卫着自己的那片地方，不过看起来也没有谁想要争夺它。它们选择趴着的地方毫无特殊之处，既不阳光明媚，也不阴凉，更没有鲜花绽放。在我看来，这样的地方能找到数百万处。

在上山的路上，蜂非常常见，一直到海拔2 500米处都是如此。那是步行能到达的最高点。但是下山的时候，它们逐渐消失了，到了1 600米以下，我一只蜂也没有发现。我用红带子在它们喜欢栖身的植物上做了标记，这样第二天我就可以很容易找到它们。

我一有时间便回去察看。因为我这两个组的学生进展得很顺利，所以接下来的日子里我有很多次这样的机会。研究蜂鸟的女孩正在研究不同种类的蜂鸟的胆量是否不同。她们发现，有些蜂鸟确实胆子很大。例如，曾经有茶腹隐蜂鸟和盘尾蜂鸟降落到她们手上进食。当然，除此以外她们还有很多其他研究内容。我研究的熊蜂倒是反复无常，我只能小心翼翼地接近它们。幸运的是，它们似乎并不是每天都在变换地点，所以我知道什么时候应该慢下来，匍匐前进去观察它
144 们。有几次，在我到的时候，一只蜂并不在它通常待的地方。但是，如果我多等一会儿，它通常都会回来。偶尔，我见到它们在栖息的地方涂抹一些东西，我猜想这应该是信息素。雄性熊蜂有毛茸茸的触须，有些种类会把触须当成刷子，当它们沿着树叶和小树枝走过时，便会在留下的痕迹上刷一些从头部腺体中分泌出来的、有刺激气味的液体。多年前，达尔文在自己的花园中研究的那种熊蜂就是如此。或许这些蜂在给自己的领地做记号，目的是吸引雌性或者排斥其他雄性。

如果下雨或者阴云密布，那么所有的蜂都会消失，或许它们是躲到某个地方去了。但是，太阳一出来，它们马上又返回来了。偶尔，会有一两只消失半个小时，我想它们可能是找花蜜吃去了。不过，我很少在花上见到它们。我猜想最大的可能是它们主要以生长在雨林树木上的花为食，这些花比我要高得多。很可能园丁熊蜂的工蜂也是这种情况。我一

只工蜂都没有见到过，但是因为有很多雄蜂，所以附近应该也有很多工蜂。在热带森林中从事研究的生物学家面临的挑战之一，便是他们研究的很多行为发生在无法达到的林冠层中。

只有一次我曾见过一只雄性园丁熊蜂在一棵茜草科灌木上进食。这也属于一种我们无法在南美洲辨认的植物种类。在欧洲，茜草科最有名的成员是攀爬生长在草地或灌木篱笆中的低矮植物，如蓬子菜和原拉拉藤。在南美洲，这个科的很多成员也是大型灌木或乔木，这其中就包括咖啡树。我不禁疑惑，这些安第斯熊蜂是否对厄瓜多尔的咖啡授粉有所贡献，但是我没有机会去考证这一点。

在有很多雄性蜂群的地方，它们的空战很值得一看。战 145
斗有时会持续几分钟。两只蜂迎头对飞，就像年轻气盛的少年玩开车对撞比胆量的游戏。它们擦肩而过，沿弧线飞开，在空中画出“8”字形，然后返回来进行另一个回合。偶尔也有第三只蜂参与进来。当它们都发疯般地绕圈飞行时，一切都变得杂乱无序。它们兴许会在空中撞到一起。有时，它们缠到了一块儿，你只能见到腿、绒毛和翅膀。它们落到地面停留一会，然后再返回空中，继续鏖战。有一次，我见到一场持续了接近四分钟的战斗。光是看着它们，我都感到有些累了。或许这是一场耐力的较量也未可知。其中一只会不可避免地先落到地上，看起来精疲力竭。如果它回到领地，便会再次受到空中那只蜂的攻击，从而迫使它继续投入战斗。通常，最终结果是所有雄蜂都回到它们的栖身处。但偶尔也有一两只似乎被赶跑了，或许是因为跟不上节奏，也可能是因为需要用花蜜补充能量。这时，它的栖息地往往就丢掉了。

我试过捕捉一些蜂，并让它们在罐中待一段时间。如果它们是从一群蜂中弄出来的，通常不久之后就会有一只蜂过来，占据它们的领地。虽然下面的描写看起来有点过于人格化，但确实是我的真实感觉。入侵者一副心满意足的模样，但同时也非常紧张，似乎随时准备因自己的偷盗行为而受到攻击。有些领地看起来非常抢手——如果我取走第二只蜂，马上就会有第三只蜂过来占据这里。那么，它们到底在追求什么呢?

有趣的是，这片森林中生存的另一种生物有着与此极为类似的行为。奇特的冠伞鸟身着鲜艳的红色和黑色羽毛，冠羽和特洛伊头盔上的毛差不多。这种鸟是圣卢西亚保护区的
146 标志。每年九月的交配季节，雄性冠伞鸟会在早上聚集到供雌性挑选交配对象的求偶场。圣卢西亚的求偶场隐藏在一座陡峭山谷的丛林深处，到小木屋需要走两个小时的艰难路程。求偶行为发生在第一缕阳光出现后不久，长约半个小时。所以，为了进行观察，你需要在四点起床，摸黑打着手电筒走

两个小时。我无法拒绝试一试的诱惑。毕竟，能欣赏到如此奇特而又迷人的一幕，辛苦一点也值得。五只雄鸟聚在一起，表演点头舞，一边拍动翅膀，一边发出嘶哑的喉音。很明显，其他时候可能会有二十只或是更多的鸟儿聚在一起，我今天看到的算是比较安静的一幕了。寻找交配伙伴的雌鸟只需要过来观察就行了。附近的雄鸟都在这里秀自己的本领呢，雌鸟可以从中挑选最有魅力的一只作为伴侣。这样，它的儿子们就有望继承同样的性感特征，成为理想的伴侣，使家族延续下去。然而，雄鸟对照顾后代没有任何贡献。在短暂的交配行为之后，雄鸟便重新返回求偶场。如果它果真魅力十足，可能会拥有多次交配机会，而那些逊色的竞争对手可能根本没有机会交配。在观察期间，我并没有见到有雌鸟到访求偶场。我猜想它们很少出现。如此一来，大部分早上，这些雄鸟傻里傻气的行为只能是徒劳无功。

并不只是冠伞鸟才有求偶场。在英国，黑琴鸡和索尔兹伯里平原上的大鸨也有这种行为。夏季，人们经常能见到成群的蚋在小溪旁的阴凉处一起跳舞，估计它们也在进行类似的行为。某几种羚羊、胡蜂和鱼也有这种行为。就雌性而言，优势是显而易见的，因为它们可以挑选“长势最好的庄稼”。这种方式对长得最潇洒的雄性来说也很棒。但是，那些没被选中的不幸者就非常悲催了，它们被拖入了一场永远无法

147 获胜的比赛之中。

或许我研究的这些熊蜂正做着类似的事，只不过聚集的个体要少一些，方式更有攻击性。它们不像冠伞鸟那样十几只雄性聚在一起，而是结成小群，有时甚至是独自上阵。而且，它们不是表演，而是投入空战。据目前所知，雄性熊蜂只有一个作用——交配，所以，它们的行为应该与寻找配偶有某种联系。很难想象它们还有什么其他目的。我猜想，雌性熊蜂偶尔会赶过来，这也和冠伞鸟一样。（或许我们该把它们叫作冠伞雌鸟？）这些雌蜂可能是被信息素吸引来的，抑或是被雄蜂在它们领地留下的那种神秘东西吸引来的。如果雌蜂仅仅见到一只雄蜂在孤独地守卫着领地，它会与这只雄蜂交配吗？还是会拒绝它，把它看成在众多雄蜂聚集的理想场所中无法找到栖身之地的失败者？雌蜂会继续前行，去一群雄蜂中精挑细选出最性感的交配对象吗？如果真是如此，那单只雄蜂就是在浪费时间。它们应该像雄性冠伞鸟一样加入一个团队，一段时间之后，说不定事情会朝那个方向发展。或许这只是初级求偶场，几千年之后，雄性可能会结成更大规模的群组。也可能，雌性没有那么挑剔，不需要把雄性逐个比较，这样幸运是不是偶然也会降临到独居雄性的身上？

我们无法回答其中任何一个问题。如果有可能，我想返回厄瓜多尔，以便更好地理解这些问题。我从没见过一只蜂王，但是处女蜂王很可能偶尔会到来。或许我可以把雄蜂聚在一起的情形拍摄下来，这样应该有更大的机会见到过来造访的蜂王。我可以尝试着在叶子上涂抹一些信息素，以便观察是否能吸引蜂王。不过，那需要从雄蜂的头部提取信息素，
它们肯定不乐意。我同样可以测量这些雄蜂，看看那些在聚 148
集地的雄蜂是否比独自生活的雄蜂体形更大，体魄更强；或者测定这些雄蜂的DNA，看看聚集在一起的雄蜂是否有亲缘关系。我还能察看一下雄蜂是否每年都在相同的地点聚集。还有很多可能有待考察。

这些看起来好像都是细枝末节的小事。对人类来说，这些蜂在做什么又有什么关系呢？但是，如果达尔文没有提出迄今最重要的科学理论，那他的研究不同样是细枝末节的东西吗？与他同时代的人在忙着开展更有实际意义的研究，如制造新型的蒸汽机和为化学工业的发展奠定基础。而达尔文在做什么呢？他花了几十年时间观察蚯蚓，琢磨附着的藤壶，让他的孩子追捕蜂类，比较生活在加拉帕戈斯群岛上的雀类的喙的形状。在一般人看来，这样做有什么意义？谁能预测到这会导致具有划时代意义的自然选择理论的产生呢？当然，就重要性而言，我的研究发现远不及此理论的亿分之一，但是谁也无法否定理解我们周围世界的意义。说不定这种理解就能揭示出其他的东西呢？

在圣卢西亚的最后一天，我观察了距离小木屋最近的一群雄性熊蜂。尽管我对充满肉汁的大馅饼无比渴望，但两周的剧烈运动和食物自制让我感觉身体异常康健。蜂还是像以前一样烦躁不安，在栖身处彼此死死盯着。一种不安的感觉在我心中油然而生。据此3 000千米的南方，在阿根廷门多萨
149 下面的河谷中，欧洲熊蜂仍在向北继续扩展。它们会来到这片美丽的原始山脉吗？厄瓜多尔的云雾林中长满了鲜花，高海拔也使这里并不是非常炎热。所以，如果携带着欧洲病原体的欧洲熊蜂能够在这里生存，我丝毫不会感到意外。我们只希望它们无法成功，或者即使它们成功了，也希望园丁熊蜂能拥有比金巨熊蜂更强的抵抗力。可这并不是唯一的威胁。从我坐的地方向南看，我能看到一条窄窄的带子贯穿森林，一直延伸到下面的山谷以及更远处的村庄，亮绿色的山谷与山坡上的森林形成了鲜明对比。人们砍光了山谷中的树木，代之以甘蔗和牧草，山坡上也有几片同样的亮绿色。农民们为了增加收入，已经开始砍伐陡峭山坡上的树木。圣卢西亚现在得到了保护，这种情况在保护区的经济状况还能支撑的情况下尚能维持下去。但是就整体而言，森林正在稳步消失。米卡利用卫星数据指出，附近的森林正在以每年0.7%的速度消失。尽管这听起来不算是一个很大的数字，但是那意味着每年留给美洲狮、蝴蝶和长鼻浣熊的空间越来越少。照此情

形，一段时间之后，一切都会消失。大型哺乳动物通常会最先消失，因为它们需要巨大的活动范围。当人们进行农耕时，他们会与这些哺乳动物产生冲突。捕猎仍然盛行，哪怕是受到法律保护，美洲豹也经常遭到猎杀。

逆转这些趋势、调和人类与野生动植物的需求，将是一
个巨大的挑战，但我们必须要想办法做到。圣卢西亚为我们
提供了一个可能的范例：通过发展旅游业和提供科研资源来
保护森林。但这还远远不够。约恩·沙勒曼是我在萨塞克斯
大学的一位同事，他计算了建立一个覆盖全世界所有濒危鸟
类的保护体系所需的费用。当然，那样的体系也会保护地球
上其他大多数濒危物种。根据计算结果，每年人类需要花费
670亿美元，听起来简直是一个天文数字。不过，沙勒曼指 150
出，这只是全球每年碳酸饮料花费的20%，比华尔街投资银
行的银行家每年奖金的一半还少。与那些钱相比，这并不算
什么巨款。当然，同发动战争所需的费用比较起来，这更不
值一提了。只要我们选择去做，就可以轻易获取保护冠伞鸟、
蜚蠊、蜂鸟、天蛾、熊和熊蜂的费用。如果一罐可乐售价的
五分之一就能拯救世界，那可算不上什么高价。 151

第七章

泰晤士河口的棕地雨林

滋养这片荒野的只有阳光和
雨水，野草中又现点点金黄。
——林赛·劳里《蒲公英》

你可能已经感觉到了，我对野生动植物一直特别痴迷。大约从七岁开始，每到周末和暑假，我都会去本地的运河里捕捉蝾螈和边纹龙虱，去荒废的采石场爬上爬下寻找稀有的兰花，爬上废弃的磨房搜罗鸟窝，或者去采砾坑周围的荒地上追赶蝴蝶。我成长于什罗普郡，是工业革命开始的地区。这些我和朋友们一起搜寻野生动物的地方已经成了被工业时代抛弃的遗迹。有一点我当时并没有在意，那就是我和朋友们很少去农田里寻找蝴蝶，因为我们早就意识到，在亮绿色的黑麦草田和大块麦田中不太可能会出现那些有趣的生物。

你可能会纳闷，为什么这些工业时代的疤痕最终孕育了如此多的野生动植物。在有些情况中，答案显而易见——例

153 如，150年前建造的用来运输煤炭和铁矿石的运河可能现在变成了一片细长的湖泊。只要污染不是特别严重，里面一定会生活着大量的豉甲、蜻蜓、边纹龙虱、翠鸟和其他生物。虽然农田中的池塘大多被填平了，但很多运河被保留了下来。（不幸的是，也有大量运河被排干、填埋。）幸存下来的运河生机勃勃。好在未曾受到破坏的那些运河现在大多得到了保护，人们在那里钓鱼、沿牵道骑行、观鸟或者寻找片刻的宁静，以躲避繁忙的交通和现代社会的喧嚣。但那些采石场、废弃工厂、矿山废石堆呢？它们为什么也成了野生动植物的宝地？部分原因在于它们被遗弃了，不再受人类的打扰，无须再使用杀虫剂，也无须犁耕和播种。哪怕有一丁点的机会，自然都会悄悄地潜入那些看似完全不可能的地方。我曾参观过的加利福尼亚州麦克劳克林保护区就是一个极好的范例。那里曾是一座金矿，现在成了罕见熊蜂、响尾蛇和加州红腿蛙的天堂。

很多废弃工业场所的共同特征是土壤贫瘠，还有些根本没有土壤。这似乎有点反直觉，但大部分野生植物群落已经适应了低肥力的土壤。廉价人工肥料的广泛使用使大多数农田变得过于肥沃，根本不适宜这些植物的生长。下次当你走过田边的树篱时，看一看你能在空档处发现哪些植物，估计你见到兰花、孀草、圆叶风铃草、黄花九轮草的可能性不大。

无论你在英国的哪个地方，你倒是有可能看到许多荨麻、酸模、峨参等植物正在抽芽，仿佛传说中的三裂草一样，它们是少数能够在高硝酸盐土壤中幸存的植物。相比之下，在混 154
凝土裂缝、废石堆、砾石、废弃工业场所等地，营养物质匮乏，许多植物和昆虫物种反而在这里找到了宜居的家园，非常和谐地生活在一起。

废弃工业场所杂乱无章的特性也为不同种类的植物和动物提供了可利用的场所。采石场中有许多阳光充足、朝向南方而且有遮蔽的角落，那里生活着喜暖的昆虫和蜘蛛。同样也有一些潮湿、阴暗的角落，成为地钱等苔藓生长的好地方。这里也会有一些“崖壁”供鸟儿安全筑巢，或是为一步步在岩石缝中攀登的石竹和景天提供台阶。水可能会聚集在采石场底部，形成浅浅的水池和沼泽区，为两栖动物和喜爱潮湿的兰花提供生存空间。多年前，当人们在地上爆破和开凿洞穴时，所有这一切都不是他们的初衷。那时，看起来他们正在把乡野弄得一团糟，当地人可能也会抱怨尘土和噪声。采石工人挖的坑通常会被废弃，主要是因为它们没什么用了，而且也不容易被填上。不过，这种做法却在不经意间为野生动植物创造了一个庇护所。

不幸的是，以前的工业场所通常都被冠以“棕地”的称号。这个名字给人以“丑陋”的感觉——“棕地”听起来十分肮脏。在大众的脑海中，它们唤起的形象通常都有碍观瞻：存在污染、锈迹斑斑的工厂，堆积如山的矿渣，亟须修复和重新开发的“痈块”。此外，棕地大多靠近城市，或位于城市中。那里的地价高得离谱，开发商无时无刻不在寻找土地以满足我们对新住房[36]和市郊购物中心等贪得无厌的需求。表
155 面上看，如果你承认人类确实有开发新项目的必要，那么开发棕地就是合情合理的。另一个显而易见的选项是开发绿地。当然，任何人都不想见到这一结果。绿地向来被认为是神圣不可侵犯的，是给英国带来绿色和愉悦的地方，政客们反复强调要保护它们。（当然，每年仍有大量绿地被开发。）但是，让我们仔细思索一下这个悖论。

绿地通常意味着农田，即种植谷物、油菜籽的田地，或是被改良过的绿色牧场。这些田地里通常没有野生动植物，几乎都是种植绝对的单一作物，根本没有杂草、昆虫或是鸟类。你可以在盛夏时站在麦田中观望一下，极有可能除了小麦以外，你见不到其他植物；除了风以外，你听不到其他声音。那里不会有昆虫的鸣叫，不会有云雀在高空喳喳飞过。如果有浓密的树篱、宽阔的边界和未被耕种的角落，那里倒有可能生活着数量可观的常见植物、鸟类、昆虫等。但总体来看，大部分农田是野生动植物的荒漠。具有讽刺意味的是，在农田中建房反倒会导致大部分野生动植物的数量明显增加。

例如，花园中的熊蜂群落似乎比农田中要稳定得多。我们把
熊蜂蜂巢分别放到花园和农田中，并观察它们的生长，结果
一目了然——花园中的熊蜂生长得好很多。养蜂人在市区的
收益要高得多，高到了足以带动人们在伦敦中心等地养蜂的
热情。如今，办公楼和旅馆顶部放置着数以百计的蜂箱。城 156
市居民通常认为野生动植物分布在乡下。但奇怪的是，最近
野生动植物在城市中更多。这是现代农业的一个悲哀，但也
显示出花园作为城市自然保护区的潜力。如果郊区面积日益
增长的话，城市花园将是一个我们应该充分利用的机会，而
郊区面积的增长几乎是板上钉钉的事。

当然，也有一些其他原因表明我们不应该在农田上建房。相当重要也显而易见的原因是，我们需要食物。政府经常提到渴望粮食自给自足，以免过分依赖进口，但同时他们又批准在乡下建立新城区，而且经常是建立在农田之中。我认为我们不能主观地推断开发棕地比开发绿地要好，毕竟每个地方的优缺点需要认真进行权衡。随着人口数量的增加，土地正承受着截然不同的压力。

我猜想很多读者可能认为我的想法有点怪异，因为我甚至主张有时宁愿在农田中建房也不愿在肮脏的废弃工业区建房。我来举个例子吧。不过，首先请回答我一个问题：你认为总体来看，英国哪个地方拥有最多的物种，即生物多样性

最高？恐怕你永远无法猜对。我来公布答案吧，是温莎大公园。那是一片面积达3 500英亩的区域，包含古老的橡树林、湖泊和草地。因为靠近伦敦，所以几个世纪以来，有各种研究偏好的生物学家都对它进行过详细深入的考察。温莎大公园中的物种清单有可能已经接近完整，或者至少和地球上其他任何地方比较起来算是接近完整。在那里，单单是甲虫就有2 000多种，这真是一个令人震惊的数字。谁知道英国会有
157 这么多种甲虫呢？更别提它们还生活在同一个地方了。现在，请回答另一个问题。在英国，你认为哪个地方物种密度最大，每平方英尺上的物种数量最多？事实上，没人能够十分肯定地说清这一点，因为很多地方并没有被仔细地调查过。不过有一个地方是冠军的有力争夺者，那里虽然离伦敦很近，但与温莎大公园的环境大相径庭。关于这个地方，我们听说过很多传闻，尤其是因为它成了英国环保主义者的最新战场之一。它的捍卫者创造了“英国的雨林”这个称呼来吸引大家关注它的生物多样性。它也曾引起我的注意，因为据说那里生存了一些英国最罕见的熊蜂。2015年7月，我认为是时候去那里探访一番了。

我的旅行出师不利。导航显示的目的地是泰晤士河口北岸，位于东伦敦西瑟罗克的圣克莱门特教堂。周围方圆几英里的区域是一片旧工厂区，其中可见道路、环岛、混凝土硬

地面、巨大的货车停车场、用钢铁包裹的工厂厂房、墙上画着涂鸦的仓库和无处不在的垃圾。我们也能见到类似的区域遍布现代世界的土地，在大城市的边缘尤其常见。在我的眼中，它们充分证明了我们把世界搞成了多么糟糕的样子。在为数不多的几块裸露在外的泥土地上，长着一片片醉鱼草、翼蓟、菊苣等植物。显然，已经不可能变得更加荒凉了。

这里的道路和环岛非常复杂，我的廉价导航系统无法胜任。我绕了半个小时才终于找到了教堂。它是一座燧石铺面的优美古老建筑，体现了典型的东盎格鲁风格。这里曾经是埃塞克斯郡的乡村地区，但很早以前就被日益扩张的城市吞并了。如今，某种化工厂包围在教堂四周，巨大的块状建筑 158
被涂成亮红色，杂乱地装配着许多钢铁管道，一些银色的烟囱正在往外冒烟。在这样的环境里，教堂显得极不协调。

这里的工业区让我感到沮丧和压抑。于是，我停下车，从教堂向南走。路上到处是垃圾，不过，路边一簇簇的悬钩子和醉鱼草非常茂盛，一直长到了路上，好像在努力掩藏被丢弃的垃圾。那天天气湿热，走在狭窄的小路上，让人有一种窒息的感觉。半个小时后，当我终于来到一座水泥防波堤上，远眺潮来潮往的泰晤士河泥泞的河口时，我如释重负。岸边有一条东西向的小路，随处可见狗粪、涂鸦、随手丢弃的啤酒罐和破碎的瓶子。由此判断，遛狗的人和那些晚饭后无处可去的年轻人一定经常光顾这里。在泥滩上，一只杓鹬孤独地飞了起来，它那久久不逝的叫声与都市的烦乱格格不入。

我向右转，沿着防波堤向西走。如果导航正确，我的目的地应该在一千米左右之后出现在我的右侧。我正在寻找西瑟罗克潟湖。这片三角形土地占地面积约30英亩，在谷歌地图上，它是一大片混凝土区域中的一块亮绿色。在20世纪90年代初期，这里曾是老西瑟罗克燃煤电厂的一部分，用来倾倒电厂产生的大量粉煤灰。后来电厂被拆毁，但在此后大约20年的时间里，倾倒粉煤灰的地方却没人理会。据说，就是这片看似没有希望的地方如今已经变成了野生动植物的天堂。

我向西朝达特福德泰晤士河上的伊丽莎白二世桥走去，若隐若现的桥拱上车水马龙。我离得较远，几乎听不到发动
159 机的声音，宁静得有些出奇。一路都是粉蓝色的菊苣花，红尾熊蜂正忙着在上面采集花蜜。其中有几只雌性沙地毛足蜂，是英国更加出众的独居蜂之一。它们有时被称为“裤蜂”，因为雌蜂看起来像是穿着南美洲牧羊人引以为傲的肥大金色裤子。事实上，这只是因为它们的后足上分布着一层像刷子一样的金色的长毛，用来收集花粉。蜂类已经进化出了多种携

带花粉的方法，最为人熟悉的是熊蜂和蜜蜂的“花粉篮”。花粉篮由一节扁平、有光泽的后足形成，边缘长着一排长而弯曲的刚毛。它们把花粉滚成一个球，用一点花蜜粘在足的侧面上。“裤蜂”的后足和它们一样，只不过它们是凭借大量的毛来吸附于花粉，不会形成黏性花粉球。叶舌蜂用胃携带花粉，回到巢中再把它们反刍出来；切叶蜂则把花粉压缩在腹部的毛中。

当我看到“裤蜂”在它们的“裤子”中填满花粉时，我的心情好了许多。毕竟，太阳出来了，花儿和蜂儿到处都是。一簇簇新疆千里光上挤满了昆虫：有小小的黑花粉甲虫，有身子鲜绿、大腿粗壮的花金龟，有斑豹弄蝶、火眼蝶，还有毛茸茸的橙寄蝇。起绒草的花比我还高，它们为长颊熊蜂和牧场熊蜂提供食物。再往前一点儿，一段结实的新篱笆出现在我的右侧。篱笆大约有八英尺高，上面布满了难看的尖刺。每隔十码就能看到一些措辞严厉的牌子——“绝对禁止入内”“入侵者必将受到法律制裁”“警告：护卫狗正在巡逻中”，上面还画着长相凶猛的狗。在篱笆的后面，我只能见到一小片桦树林。它有效地遮挡了一切，即使你站在略高的防波堤上，仍然什么也看不到。这应该就是西瑟罗克潟湖了。160
不过，看起来这次旅行将无疾而终。我之前并未申请进入这个地方的许可证，我以为能够走进去随便逛呢。看来这是不可能的了。

我沿着篱笆走了一段儿，伺机进入，途中看到了一大片广布野豌豆。这种漂亮的攀爬植物长着一簇簇紫色的管状花，非常受长舌类熊蜂的欢迎。至少有三只低熊蜂的工蜂正在那里忙碌着。这种稻草色的熊蜂非常漂亮，腹部点缀着颜色更深的铁锈色条带。棕带梳熊蜂是英国最常见的罕见熊蜂，不过，这话听起来有些别扭。它们的珍稀程度让我无论什么时候见到它们都会变得兴奋。同很多其他罕见熊蜂一样，它们也变成了主要分布在海岸的生物，仅生活在沙丘、咸水沼泽、海崖和其他无法进行农耕的地方。索尔兹伯里平原是它们在内陆上为数不多的分布地之一。我并不十分意外能在这里见到它们，因为泰晤士河口是棕带梳熊蜂最后的据点之一。这里也有两个更为稀有的物种：尖叫熊蜂和红柄熊蜂。只可惜，这也意味着这些濒危物种直接受到了正在沿泰晤士河东扩的伦敦城区的威胁。

我用了大约半个小时的时间对着这些棕带梳熊蜂拍照，想尽量照得好一些。之后，我沿着篱笆继续前行。在最西边的拐角，篱笆突然出现了一个直角的拐弯，朝内陆方向延伸过去。有某个人在篱笆上弄了一个不小的窟窿，这让我高兴极了。那里像楔子一样塞着一辆破烂不堪的雅马哈摩托车，看起来有点像某个人骑着摩托车把篱笆撞出了一个洞。不过，如果果真如此，那几乎就成了自杀。无论这个洞是怎么形成的，我倒是心存感激。我钻了过去，又爬过一道满是泥泞的沟，里面全是闪着光泽、正在飞舞的长足虻。我用手划拉着 161
走过一片芦苇地，进入了远处的桦树林。显然我不应该出现在这里，而且随时有可能被凶猛的护卫狗攻击，所以这倒真成了名副其实的探险。

说实话，里面的情形有点出乎我的意料。树林间有一条供越野摩托车走的泥土小路，很明显能看出来这里经常有骑车人光顾，估计也是未经允许的。车轮在松软的地上轧出了深深的车辙，露出了深灰色的土壤，我猜想这可能是粉煤灰。走着走着，我被一座奇怪的纪念碑绊了一下。这是一只制作精美的木质十字架，上面题写着“安得鲁·达维尔”，周围整齐地排列着几百只福斯特啤酒罐。这里看起来实在不像是墓地——或许是为了纪念那位骑摩托车冲撞篱笆而壮烈牺牲的车手。[37]我沿着小路向北穿过树林，好不快活。不过说实话，“英国的雨林”这种褒奖有点言过其实了。我能判断出我的右侧是一大片开阔区域，接近被围起来的中心区。但是，每当我试图要挤过灌木到达那里时，我都会来到一片长长的、芦苇丛生的潟湖岸边，很难跨越过去。

走了大约1 500米后，我好像要走到这个地方的最北端了，因为我能听到不远处重型机器运转的声音，也能透过树木隐隐约约看到集装箱的影子。我再次向右转，发现这一段潟湖又浅又窄。我穿过芦苇丛，手脚并用地爬过一块旧木板。
162 这肯定是有人特意放在那里的。突然间，我发现自己深陷一片齐腰深的花海之中。这片开阔区域大约有10英亩，主要由山羊豆粉色和白色的泡状花构成。这种豆科植物像灌木一样高，看起来在粉煤灰中生长得很好。铬黄色的圣约翰草点缀其间，还有垂着头的深紫色醉鱼草和茂密的淡紫色田蓟。从植物学意义上来看，这里的植物种类并不是非常丰富，而且山羊豆等很多植物并非乡土植物，但是这些植物为蜂、食蚜蝇和其他众多昆虫提供了盛宴。我喜出望外地见到了几只英国最大的食蚜蝇——黑带蜂蚜蝇，它们试图通过模仿英国本土极具危险性的胡蜂，从而掩饰自己实际上是美味、无毒，能供鸟儿饱餐一顿的事实。

这个地方昆虫很多，主要是数以千计的熊蜂。我花了整个下午的时间徜徉在花丛中，拍摄所有我觉得有价值的东西，尝试寻找生活在此地的稀有物种。我特别希望能找到著名的跳蛛，但找了很久也没有见到它们的影子。它们是西瑟罗克潟湖的特有物种之一，这种生物在英国只有两个已知栖息地，另一个是位于泰晤士河对岸肯特郡的斯旺斯柯姆半岛。这两个地方都属于棕地。不过，斯旺斯柯姆半岛马上就要被建成巨大的派拉蒙主题乐园，旨在与巴黎的迪士尼乐园一争高下，立志成为欧洲最大的旅游景点之一。对跳蛛来说，这当然是坏消息，毕竟它们可能不会喜欢那里的水槽和过山车。这种毛茸茸的蜘蛛仪表堂堂，身着灰色的条纹，两对向前突出的黑眼睛大得出奇，用来判断猎物的距离。虽然我没有找到负有盛名的跳蛛，但我找到了几只五带象甲蜂，它们正在翼蓟上吮吸花蜜。这个物种不像跳蛛那么稀有，但也足以让我激 163
动不已。奇怪的是，在这种微小的独居蜂的腹部，只有四个黄色的条带，而不是五个。正如它们的名字所反映的，它们专门捕食象甲。[38]它们将象甲麻痹，然后储存在沙质土壤的地下坑道中，倒霉的象甲在尚未死亡时便被象甲蜂的幼虫慢慢地吃掉。我非常喜欢象甲，但是我还是接受了它们在面对象甲蜂时的可悲命运，因为后者同样十分可爱。

当我出去搜寻时，天气非常热。太阳像铆足了劲似的工作着，让黑色的粉煤灰吸足了热量，烫得几乎无法触摸。说不定这正是西瑟罗克潟湖的秘密所在，或许也是这里有那么多昆虫的原因。西瑟罗克潟湖是许多昆虫在英国分布范围的最北缘，它们努力在这种温暖潮湿的气候中完成自己的生活史。基于此，有很多英国昆虫仅仅分布在朝南的山坡、欧石南丛生的荒野或者是沙丘上，在这些地方，夏季的阳光使光秃秃的沙质土壤异常灼热。粉煤灰正好提供了那样一种炎热的微气候，辐射出热量。这里可能不是雨林，但差不多和热带地区的温度一样。

花海中浅浅的积水、黑色的沙岸让我想起了火山形成的特内里费黑色沙岸。水温太适合洗澡了，所以我甩掉鞋子，卷起裤子，蹚起了水。不过，考虑到这里原来是工业区，我
164 还是战胜了游泳的诱惑。当太阳开始西沉时，我坐在沙岸上，脚浸在水中，呼吸着这里特有的空气，感受着别样的田园风光——如此美妙且充满野生动植物的地方居然是由堆积工业废物而意外形成的，真是让人不可思议。短短20年的时间里，这个群落竟从无到有，而且是在工业化程度相当高的地方发展起来，完全没有人类的帮助。说不定在附近其他未受打扰或者被废弃的小片地方，也存在这里的大部分或是全部生物，那些环保主义者通常尚未发现。例如2008年时，无脊椎动物保护协会就尝试在这年三月弄清伦敦和泰晤士河口地区576个地方的物种。虽然他们还没有足够的人手进行全面的调查，但他们发现有一半以上的地方有丰富的生物多样性。无论如何，在英国最大的城市中心显然有可能存在着许多野生动植物丰富的地点。当然，其中很多兴许难以发现，公众也无法到达。遗憾的是，无脊椎动物保护协会的研究估计，按照目前的开发速度，到2028年，它们都会被建筑覆盖。

几周之后，在八月中旬，我回到西瑟罗克潟湖进行了一次授权访问。我渴望能与熟悉这个地方的人一起探索一下这

里，也想了解更多关于它的历史。所以，我与无脊椎动物保护协会的棕地事务负责人莎拉·汉雪尔约在正门处见面。正门位于一座巨大的印染工厂后面。莎拉非常开朗，属于少数对工作和与昆虫相关的一切充满了热情的人。我们四处走动，把那些有趣的昆虫指给彼此看。与此同时，她向我讲起了这个地方最近的历史和为了保护它而进行的斗争。后来我意识到，上次“非法侵入”时，我竟发现了这片地区三个部分中最南边的那一个。我发现的这一部分面积最大，但是这三个 165
部分的命运各有不同。莎拉的故事从2005年开始。那时，一位名叫彼得·哈维的昆虫学家受命来调查这一地区，目的是看看到底这里有什么，极有可能是因为业主正在考虑开发这里。那时，人们已知南面那部分栖息着一些珍稀鸟类，包括芦苇莺、水蒲苇莺、文须雀。正因如此，这里被授予了“具特殊科学价值地点”（通常被称为SSSI）这一称号。关于那里的昆虫，虽然曾有人在1996年至2003年之间做过一项马马虎虎的调查，但人们知之甚少。彼得的发现让他既惊讶又困惑。在一年中，他进行了几次调查，发现了939种无脊椎动物，加上之前已记录在案的，现在这个地区的无脊椎动物已经达到了1 243种，其中有35种在世界自然保护联盟的极危物种“红皮书”中榜上有名。此外，还有116种国家级珍稀物种和352种地方性物种。在众多蜂类中，彼得当然找到了低熊蜂、红柄熊蜂和罕见的海紫菀分舌蜂。海紫菀分舌蜂喜欢在咸水沼泽的沙岸上挖掘洞穴，还能在位于潮水标志线以下的地方筑巢和生存。通过封住巢穴入口，它们能在里面保留一些空气。尽管有如此妙招，近几十年来，这种蜂还是在沼泽开发过程中遇到了巨大的灾难，因为它们的巢穴和赖以生存的海紫菀都消失了。

彼得还有一些其他意外发现，如沼泽短刺斑步甲、驼背红蚁、魔长足虻等。甚至还有一种生活在芦苇上的秆蝇，学
166 名叫*Homalura tarsata*，以前在英国从来没有记录过。当然，这都是些晦涩拗口、鲜为人知的物种。对于它们的生活方式，我们几乎一无所知。但无论如何，它们的存在总是一件美妙的事情。

总而言之，彼得找到的生物数量相当可观。别忘了整片区域只有30英亩，与一块普通的耕地面积差不多。而且，这还没有包括数不清的植物、哺乳动物、鸟类和两栖动物，也没有拿着光诱捕器去仔细寻找蛾子。如果把这些也计算在内，肯定又要增加几百种。这就是为什么这里被称为“英国的雨林”，因为雨林地区以包含众多物种而闻名。西瑟罗克潟湖是距离我们最近，同时还含有奇妙昆虫和蜘蛛的宝库。

仿佛命中注定一样，就在这个地方的非凡价值被发现之后，英国皇家邮政便提交了一个申请，要建一座巨大的仓库

和火车停车场，这势必会把这里多样的生物完全铲除。无脊
椎动物保护协会自然要反对这种开发。他们首先向辅助保护
生物多样性的政府组织——英格兰自然署求助。无脊椎动物
保护协会向英格兰自然署提出申诉，指出如果英国物种最为
丰富的地方都不能得到环境立法的保护，那么就没有什么地
方是安全的了。他们申请把这片区域设立为“具特殊科学价
值地点”，这样就可以让这个地区获得一些保护。但是英格兰
自然署拒绝了他们的申请。经过一番谈判，他们接受了一个
折中计划，把这个地区砍去一半。北边的部分将用于开发，
而南边的部分，也就是我之前探索过的那一部分将得到保护。
同时，为了给珍稀鸟类提供栖息地，将修整里面的一小片湿
地。深挖湿地，还要加一个池塘衬底以减少水的流失。就保 167
护昆虫来说，这是一个灾难性的提议，因为最北端是最好的
昆虫栖息地。那里有一片极棒的草地，里面生长着大量车轴
草和野豌豆，大部分棕带熊蜂都在那里出没。

无脊椎动物保护协会发起了一项请愿，收集到2 500个签名并提交给下议院。他们甚至与当时的首相托尼·布莱尔进行会谈，但是并没有什么结果。无脊椎动物保护协会随后发起了一场漫长而又昂贵的法律诉讼，来挑战对这个地区的开发。这场诉讼经历了各级法院，最后到了上议院。在那里，诉讼遭到了拒绝。开发似乎比保护野生物种要重要——这个

国家迫切需要另一座货车停车场和仓库，这是为了发展经济而进行的一部分努力，它比那些特别的跳蛛、魔长足虻和棕带熊蜂应该更有优先权。

正当一切看起来已经无法挽回的时候，皇家邮政自己踢了一脚漂亮的乌龙球。他们发行了一套纪念邮票，描绘了英国最罕见的昆虫。这个讽刺的行为马上被保护运动发起者利用。无脊椎动物保护协会迅速发行了一套讽刺邮票，主题是即将被皇家邮政的库房毁掉的昆虫种类。我们可以想象皇家邮政幕后的尴尬，可能也有一两个领导人辞了职。不久之后，他们便放弃了开发，分储中心则被建在了几码之外的另一个地方，那里没什么生物多样性的价值。人们可能会想，为什么没有早一点提出这个解决办法？为什么需要花费这么大的代价？

只可惜，故事还没完，这个地方仍然没有得到保护。另一家公司搬了进来，在北边，也就是花草最多的那个部分建
168 了一座巨大的印染厂。你读到的《每日邮报》很可能就是在这里印刷的。后来我才知道，莎拉和我见面的印染厂停车场原来就是一片充满花香和虫鸣的地方。

从停车场往南走，我们进入了原来的中心地带。现在，这里看起来非常适合做后世界末日电影或是《神秘博士》的拍摄场所。大部分植物已经被摩托车蹭没了，只留下赤裸的

黑色沙质灰尘，上面矗立着生锈的电力塔。疯狂的麦克斯到了这儿肯定会有回家的感觉。与这里比较起来，我在南边树林中见到的摩托车痕迹简直是小巫见大巫。莎拉说，到了周末，几百个本地的越野摩托车爱好者会在这里举行非正式比赛，甚至还弄了一辆快餐车进来，也不知他们是怎么做到的。他们一定玩得非常痛快——我曾经有一辆越野摩托，所以懂得加大油门，在弯道处滑行，弄得身后尘土飞扬是多么让人激动。不过，他们可把这里的植物糟蹋苦了。很明显，保安人员已经放弃了对驱逐摩托车手的努力，因为他们一直不断地在破坏篱笆然后钻进来。再者，也没什么值钱的东西需要保护，所以，还不如干脆放他们进来。

尽管有这么多的干扰，在车手们没有到过的地方还是有很多花。飞尘的碱性很强，所以能养活那些通常生长在白垩土上的花——野胡萝卜的伞状花，草木樨的黄色穗状花，以及百金花漂亮的粉色小星星。莎拉解释说大名鼎鼎的跳蛛在这里到处都是，它们喜欢躲在煤渣下面（即多孔、奇形怪状的岩石块，是发电厂炉子的另一种副产品）。煤渣上有很多孔，跳蛛可以在里面冬眠。我们用了很长时间翻动煤渣，不过实在是让人失望，无论是著名的还是普通的，我们一只跳 169
蛛也没找到。

现如今，这个地区中心地带的大部分属于英国国家电网，他们打算在上面新建两座电力塔。这无疑会丑得离谱。不过，鉴于无论从哪个角度都能看见电力塔和化工厂，所以对审美来说，已经不再有多大影响了。对野生动植物而言，可能最终也不失为一件好事，因为这样就不会再有进一步的开发了。一旦电力塔建立起来，英国国家电网一定会采取措施禁止车手在下面赛车，因为这肯定有安全问题。果真如此，电力塔下面的土地说不定还有希望得到修复，花和蜂类兴许会在这片安宁的地方再次繁荣起来。而且，著名的跳蛛也可能会再次出现。

由于这些牺牲，这片地区的最南端最终躲过了开发。尽管这里稀有昆虫的数量众多，但英格兰自然署似乎对来访的鸟类更加感兴趣。他们花了很大的力气清理周围日益增多的桦树，建立了一套昂贵的潮水交换系统，以保持水域的面积。夏初我蹚过水的那片潟湖当然不是为了行为不端的昆虫学家准备的。虽然现在它幸免于开发，但未来仍面临威胁。大部分昆虫赖以生存的草地阳光明媚鲜花盛开，如果想要留住草地，那些树木就要受到严格的管理。山羊豆正在威胁着所有本土植物，或许也要对它们进行一定的控制。车手偶尔来一次，弄出一些光秃秃的区域并造成一定的破坏可能还会带来好处。如果国家电网把他们从中心区域清除出去，这些车手就可能同时出现，那将是一场灾难。无脊椎动物保护协会乐

于见到这片区域对公众开放，让男女老少一起来这里欣赏漂
亮的花草和美妙的昆虫，但摩托车配上戏耍的孩子似乎会很 170
糟。未来尚处在未知状态，但至少目前这个地区还算得上
安全。

2009年，由于拯救西瑟罗克潟湖而付出的努力，无脊椎动物保护协会获得了《观察家报》颁发的“伦理奖”。他们在各级法院上的斗争让我们意识到了环境立法有多么的脆弱，在保护珍稀昆虫方面尤其如此。然而整件事还不能算是巨大的环保胜利，因为这个地区的很大一部分已经遭到了破坏。现在，如果在那里开车多转转，会发现有很多其他废弃工业场所将被用来开发。好在至少有一个棕地环保故事以喜剧结尾，就发生在沿泰晤士河向东几英里处的坎维岛上，我和莎拉接下来便去了那里。

坎维岛十分奇特，它距离伦敦只有一步之遥，却给人以偏僻、荒凉、饱经风霜的感觉。它占地面积约18平方千米，曾经是一片盐水沼泽，仅位于海平面上一两米。几条浅浅的小溪把这里与埃塞克斯郡的其他地方隔开，使它勉强可以算是一座岛。在20世纪初，岛的东南端曾是著名的海滨度假胜地。但是，这里也经历了与英国其他海滨城市相同的命运，随着廉价的国外旅游线路的兴起，这里日渐没落。海滨游乐中心、夜总会和房车营地都显得非常破旧。坎维威客[39]位于

171 岛屿的西侧，虽然距离都市只有一英里左右，能够看见郊外的莫里森超市和“得来速”麦当劳，但这里就像是另一个世界。

1953年冬季，坎维岛遭遇严重的洪水，造成58人死亡。不久以后，这里便修筑了一座水泥防波堤。在那之前，坎维威客是一片盐沼，定期有洪水发生，而防波堤的建设注定会破坏当地的生态。对蠕虫和软体动物等小型泥栖生物而言，海边的泥滩和沼泽是非常理想的栖息地，也为涉禽提供了充足的食物。不过，阻止高潮的到来使这一切都受到了破坏。龟裂的盐碱地不能用作耕地，便用来堆放清理泰晤士河时挖出来的沙子和淤泥。于是，六米深的淤泥被堆到了这里的土地上。后来，在20世纪70年代，这里又变成了炼油厂，并开始开发建设。人们修建了巨大的圆形沥青路面，供巨大的圆形油罐作地基用。水泥路把它们连接了起来，甚至还安装了路灯。后来，石油价格下降，这个项目便被放弃了。在几十年里，坎维威客几乎没什么用，仅仅作为倾倒垃圾和丢弃、焚烧被盗车辆的地方。2002年，人们计划开发这里。与西瑟罗克潟湖的情况一样，从放弃石油冶炼计划到2002年的25年间，这里到处是倾倒的淤泥和被烧毁的车辆，看似毫无希望的地方却孕育了神奇的动物，其中包括五种英国最罕见的熊蜂和至少300种蛾，共有30种无脊椎动物进入了英国自然保
172 护联盟的“红皮书”。

与之前的情况类似，这里也被分成了三个不同的部分，分属三个不同的组织，最初的计划是开发北边的80英亩土地。一个名为“东英格兰开发署”的半官方机构取得了这一部分的开发权，计划在这里建一家高档的汽车展厅和大型停车场。说实话，这个地方并不太适合建汽车展厅——过往的车辆并不多，坎维岛也不是一个交通枢纽。不过，我并不是这方面的专家。然而，对蜂类利好的是，这个项目遇到了阻碍，一个四条腿的小障碍——冠欧螈改变了一切。按它们的珍稀程度来说，冠欧螈有过高的保护地位（它们并不罕见）。至于为什么出现这种情况，我倒是没有了解过。请不要误会我，我不是要建议取消对它们的保护。其实我非常喜爱冠欧螈，而且希望所有的野生动植物都能像冠欧螈一样受到保护。我们的土地法规定不能伤害冠欧螈，所以在转移冠欧螈的过程中，开发只能暂停。对新土地的开发而言，这种做法再常见不过了。不仅仅是冠欧螈，胎生蜥蜴和蛇蜥也经常被转移。这种转移是最没用的花架子之一，它们只是为了让环保主义者高兴的敷衍，也让开发商有了借口，可以让他们声称已经抵消了开发带来的伤害。你可能纳闷我为什么会这样说，能使冠欧螈免于被埋在水泥地之下，这难道不是一件好事吗？既然如此，让我花些笔墨解释一下吧。

通常情况下，某种生物的数量与这一地区的承载能力大体相当。我们可以假想一座岛上生活着一些鹿。岛屿的大小决定了它只能生长供100头鹿食用的草。如果现有鹿的数量低于100，那么它们就能拥有充足的食物和舒适的生活，母鹿也
173 能产下健康的幼崽。这种情况下，幼崽更容易活下来，而鹿的数量就会增长。如果鹿的数量超过100，食物将变得匮乏，动物就会变得瘦弱，容易得病，出生的幼崽数量也会下降，从而导致鹿的数量减少。群体生态学家用“密度制约”来描述这一现象，即出生率和死亡率之间的变化使群体数量通常有一种接近某一地区承载力的倾向，换成另一个科学术语就是“稳定平衡”。当然，鹿的数量也会有小幅度的变动。在温暖湿润的年份，草可能要长得好一些，鹿的数量兴许就会攀升。但是，一旦条件趋于正常，鹿的数量则会恢复如初。只有当这座岛屿的面貌从根本上发生改变，比如要修建机场时，承载力才会发生变动。

好了，这个话题就说这么多吧。但是，这与蝶螈和蛇蜥有什么关系呢？在转移过程中，需要给这些动物找一个去处。通常会选择栖息着蝶螈和蛇蜥，且距离最近的地方。在上面提到的这个例子中，他们找到了坎维威客不建汽车展厅的地方。转移的第一步是在开发地点周围建一个阻挡蝶螈的障碍，这样就不会有新的蝶螈进来，被转移出去的也无法再回到原处。（我不知道蝶螈是否会这样做，但是我倒想做一些实验

测一测它们返回原地的能力。）通常会使用一种丑陋的厚塑料布，把它们埋在土里，附在间隔开的木桩上。但是看来东英格兰开发署非常有钱，他们使用了一种升级版的屏障——一道亮闪闪的镀锌金属墙。直到现在，它依然矗立在那里。墙建起来之后，到了春天，通过在下面放一些木块、锡片或旧方毯作躲藏地，便可以在蝾螈去池塘进行繁殖时把它们捉住，因为它们通常会聚集到这些躲藏地下面。当然，也可以在地
上挖一些诱捕陷阱。捕捉以后，它们就被释放到邻近坎维威 174
客的地方。

说到这里，我想你已经发现了这种做法的问题。用来安置的地方本来已经有一些冠欧螈栖息在那里（当然，在金属墙建起来之前，它们与其他地方的冠欧螈属于同一种群），把北部的冠欧螈清理之后，这个种群被挤到了面积为原来一半的地方。不难猜出将来会发生什么——过分拥挤将导致种群数量的下降。如果转移了500只冠欧螈，平均就会有500只新的冠欧螈以某种方式死去。有可能它们会慢慢死去，直到数量降至承载力以下。或许死去的并不是被转移来的这500只，很有可能既有原来生活在这里的冠欧螈，也有被转移来的那些，但它们同样都会死去。当然也可以把冠欧螈转移到一个距离很远的地方，但是，只要那里已经有冠欧螈，只要数量已经达到或接近承载力，还是会发生同样的悲剧。唯一能奏

效的解决办法是找一个适合但此前未曾有冠欧螈生活的地方，这可不是一件容易事；还有一种选择是建设一个全新的冠欧螈栖息地。说句公道话，新栖息地如果真能建设得非常到位，倒也是一个可行的办法。但是我曾经见识过相当多的维护工作，往往更像是象征性的努力。其结果是对于投放其中的动物数量来说，规模太小，或者条件根本不符合要求。这样，
175 动物必然会死亡。[40]

尽管如此，转移计划仍继续推进，冠欧螈被如约清理了出去。清理完冠欧螈，这个地方马上就进行了“绝育手术”：所有的植物都被铲除，还喷洒了除草剂，大片长满鲜花的美丽草原就这样遭到了破坏。开发商可能无比渴望消除这个地区作为野生动植物栖息地的价值，以防再次出现开发的障碍。可以说，他们基本上采用了“焦土政策”。

正是在这个时期，无脊椎动物保护协会出现了，给人感觉就像是美国骑兵似的。那时，它还是一个刚刚成立的组织，旨在填补英国野生动物保护的空白。在此之前，早就有许多慈善组织致力于保护备受喜爱的动物，如鸟类、哺乳动物、植物等。但除了蝴蝶保护组织外，没有任何组织关注无脊椎动物（昆虫、蜘蛛、蛞蝓、蜗牛、蚯蚓等）的保护。而实际上英国（地球上其他地方也是如此）的大部分生物都属于无脊椎动物。为什么没有组织专注于这些生物的保护呢？

原因显而易见——有谁愿意参加蠼螋保护基金会或是蛞蝓欣 176
赏协会呢？这些生物甚至没有一个足够响亮的统一称呼。“无脊椎”这个词听起来太过专业，有种拒人于千里之外的感觉，而且也相当模糊，仿佛指代所有没有脊椎的东西。不过，话又说回来，我们能叫它们什么呢？可能大家比较熟悉的是“爬行的虫子”，但这听起来并没有让它们增加魅力。“虫类”似乎是一个较好的折中方案。可是，有些迂腐的昆虫学家指出，从专业角度来说，它们只能指某一类昆虫，比如蚜虫、沫蝉、盾蝽及类似的动物。

坎维威客并没有足以让英格兰自然署感到兴奋的珍稀鸟类，甚至比不上西瑟罗克潟湖。它的价值在于无脊椎动物，其中包括一些没有名气的生物，如坎维岛步甲。在一百多年的时间里，它们从英国的记录里消失了，直到再次出现在这里。坎维威客还有罕见的桨尾丝蟌。这种金属绿色生物通过薄薄的翅膀飘浮在空中，仿佛是一块焕发了生机的珠宝一般光彩夺目，就像它的名字所描述的那样。如果有人想要为保护这个地区而战斗，那肯定是无脊椎动物保护协会了。让坎维岛步甲和它的六腿朋友们感到幸运的是，他们已经有所突破了。你可能认为向公众推广这一运动必是难事一桩，因为毕竟这是第一次为了一些几乎没人听说过的生物去保护一座丑陋不堪的废弃工业区。然而，在无脊椎动物保护协会的精心运作之下，《卫报》的环境编辑约翰·维达尔意识到了这个地区的重要性，并于2003年5月发表了一篇非常有分量的文章，引起了公众的注意。科学家们对那里的生物展开了进一步的调查，发现了1 400多个物种，这已经超过了西瑟罗克潟湖，其中还不乏一些十分罕见的动物。虽然这个地区的
177 北部遭到了破坏，但是其余的200英亩在2005年被英格兰自然署授予了“具特殊科学价值地点”的称号，使它得到了一定程度的保护。

可惜，这并没能终止开发计划。余下的部分现在分属不同的业主——东部的三分之一属于土地信托组织，这是一家慈善组织；但其余三分之二属于莫里森超市连锁店，他们野心勃勃地准备在这片土地上大搞开发。他们的理由非常乐观，因为尽管这个地区拥有“具特殊科学价值地点”称号，当地规划部门还是批准建设一条双线车道的公路，并从属于土地信托组织的一个角上穿过。这条路已经建好了，据称耗资1 800万英镑。但当地人戏称这条路为“没有目的地的路”，因为看不出来它要通向哪里。既然可以毁掉“具特殊科学价值地点”的一部分来建设一条没有目的地的路，那么莫里森有理由相信，他们的计划同样充满希望。

然而，尽管新建了双线公路，但在过去的十年中，坎维威客并没有什么变化。土地信托组织把他们那块土地的管理

权转交给了无脊椎动物保护协会和皇家鸟类保护协会。这两个协会把这一地区变成了共同管理的自然保护区，使这里的未来有了保证。2014年9月，保护区正式对公众开放。现在，这里安置了配有说明文字的宣传牌，小路也做了标记。莎拉带我参观的正是这一部分。

我们沿“兰花小径”出发了。不过，现在已是八月底，兰花已经谢了。这条小路完美利用了30年前建设的水泥路，通向那个永远都未完工的油罐。在这条饱经风雨的水泥路上，有些地方已经被植物覆盖，裂缝里冒出了花，它的美丽令人难以想象。很快我们清楚地发现，是栖息地的多样性使得这里有如此丰富的野生动植物。比起西瑟罗克潟湖，这里的多 178
样性有过之而无不及。百步之内，我们便见到了疏林、灌丛、沼泽、长满欧石南的沙质荒野、沙丘以及干燥的白垩草地。地被似乎也有很多种，有些是粗糙的沙土，有些是细腻的淤泥，后来的建筑工作还增加了一片片的砾石、水泥和石头地面。在某些被人为干扰的沙土地上，我看到了一簇簇蓝蓟，找到罕见蜂类的可能性一下子提高了很多。为油罐准备的碎石沥青路面愈发增强了地被的多样性，因为它略高于周围的地面，所以边缘长满了耐旱的窄叶黄菀，日积月累，它们的根系渐渐地使碎石沥青路面出现了裂纹。虽然那天并不算很热，但是黑色的沥青路面辐射出很多热量，白钩蛱蝶和孔雀蛱蝶正在上面取暖。我一下子就看到了一只尖叫熊蜂，这是一只工蜂，正在一株长在沙土坑里的齿疗草上采集花粉。当我们俯下身仔细观察时，莎拉向我解释了坎维威客所面临的挑战。

虽然这个地方现在已经得到了法律的保护，但是并不意味着这里总能保持丰富的野生动植物物种。如果不加干预，这里都会变成疏林。对于某些林鸟和植物来说，这当然是好事，但是这几乎一定会导致大部分罕见昆虫和兰花等动植物的消失。最简单的解决办法是砍掉一部分树木，只不过当地居民肯定会强烈反对这一点。他们认为动用链锯肯定是在破坏自然，这种想法倒是可以理解。莎拉指出，如果没有人为干预的话，坎维威客不会有树，因为树木通常不会生长在盐碱沼泽上，然而这种说法并不足以让当地人信服。最后，大家想了一个折中的办法：保留一片防护林带，这样，从远处
179 看这里仍有林地。然而，防护林带就成了种子的来源，而一棵桦树每年能结1 700万颗种子，所以想要保持这里的开阔会是一件永无止境的工作。管理团队还想要铲掉一些表层土壤，弄出几片地方供分条蜂筑巢，同时种植一些一年生的植物。他们也想建一些小丘，挖一些坑，为不同的植物和动物创造更多样的微气候。但这同样遭到了当地人的抵制，他们不希望看到自己用来遛狗的小路被铲除。

与大多数自然保护区相比，坎维威客吸引的游客似乎更具多样性。越野摩托车手可能是个麻烦，幸好他们的数量没有西瑟罗克潟湖那里的多。自制火箭的人也来这里，因为圆形的沥青路面是理想的发射台，连美国的卡纳维拉尔角都自叹不如。不过，很明显这会带来失火的风险，而且有些地方真的被火猛烈地烧过。观星社团的人晚上也会过来，因为这里与伦敦的距离刚刚好，光污染很小。灌木丛中还种植了一小片大麻，曾有人报警让警察过来打击非法狂欢。这里举行过哈士奇狗比赛，也曾捉住过在这里放飞栗翅鹰的猎鹰人，引起了皇家鸟类保护协会的惊慌。所有这一切都对管理提出了挑战（观星者是例外，他们应该没什么危害）。不过，从某种角度来说，有那么多不同的人出于各不相同的原因使用这个地方，而这里依旧是野生动植物的天堂，我想这未必不是一件好事。从某种意义上来说，这些访客兴许对于塑造野生动植物得以繁荣的环境做出了贡献。摩托车弄出来的小片裸地可能利大于弊，随手丢下的烟蒂，跑偏的火箭，不知死活的飙车手们点燃的汽车都可能造成火灾。不过，这恰恰能阻 180
止树木长起来，也能保留开阔地供蝴蝶晒太阳，还能让独居蜂在这里筑巢。

兰花小径带我们兜了一个圈，绕过几乎没有车辆的双线公路，又回到入口处。现在，我理解了这个地方的布局：很明显，返回停车场的小路环绕着坎维威客北边那一部分，也就是在被宣布为“具特殊科学价值地点”之前曾经遭到东英格兰开发署破坏的那部分。在读过坎维威客和这部分遭破坏的历史之后，我非常惊讶地发现这里并非寸草不生，整个地区变成了一片花海。用来阻止冠欧螈的金属墙仍旧存在，但能清楚地看出来，试图使这里“绝育”的努力并未达到预期的效果。通过清理植被，大量土地裸露在外。正如我们曾经见证过的，只要稍有机会，自然便会偷偷潜入进来。莎拉不太确定计划中的开发遭遇了什么。2012年，东英格兰开发署解散了，所以，极有可能开发计划被暂时遗忘了。我们迈过齐膝的篱笆，漫步在红车轴草、百脉根和丝路蓟之中。虽然已近深秋，而且乌云密布，但仍有很多蜂，估计有十几只低熊蜂和几只尖叫熊蜂。这片区域比自然保护区的花要多很多，这应该是清理造成的结果，于是这里成了蜂类重要的生活区。然而这片区域并没有受到正式的法律保护，恢复重建汽车展厅或是商业园区可能只是时间问题。截至目前，坎维威克只有四分之一的区域受到了保护。我们期望将280英亩的区域全部转交给无脊椎动物保护协会或是皇家鸟类保护协会，难道这也太过分了吗？毕竟，这里栖息了一些极为罕见的生物。
181 集约化农业发展70年后，尖叫熊蜂在整个英国迅速衰落，或许只剩下六个种群。据我们所知，坎维岛步甲仅生活在西瑟罗克潟湖和这里。难道我们就不能不去打扰它们吗？（除了偶尔的哈士奇狗比赛和自制火箭发射以外。）莫里森超市把土地捐献出来，展示一下他们对环境的在意难道不行吗？创建一座“莫里森虫类保护区”怎么样？

虽然坎维威客和西瑟罗克潟湖的部分地区得到了保护，但毫无疑问，其他许多生活着大量野生动植物的棕地已经遭到了破坏。如果仔细观察，你将发现濒危物种会出现在各种不可能的地方。人们曾以为坎维岛步甲已经灭绝，但它们却再次出现了。与此类似，人类上一次见到红胸气步甲还是1928年的事（在东萨塞克斯的比奇角）。自那之后，人们以为它们灭绝了。但到了2005年，人类又在伦敦纽汉区的碎石瓦砾中见到了它们的身影。令人遗憾的是，它们出没的那堆瓦砾当时已列入住宅开发计划，现在已经动工。在这些故事中反复出现的一个悲剧特征是，往往到了要被毁灭的最后关头，人类才发现这些稀有物种。61只珍贵的红胸气步甲被匆忙转移到附近一个特意为它们创造的有碎砖块和水泥块的地方。但是，新家是否符合它们的要求，我们不得而知。红胸气步甲非常挑剔[41]，我们对它们的了解又少得可怜。所以，胜券并不在它们这一方。 182

无脊椎动物保护协会和其他所有野生动植物慈善组织都没有足够的力量去勘察并保卫每一块被废弃的土地和砾石堆，

所以我们无法知道，到底有多少著名的跳蛛或红胸气步甲被浇筑在新超市的地基里。很明显，能正确保护这些地方的前提是要对它们进行全面调查[42]，一旦发现有数量众多的稀有或重要动植物，就应该给予保护。目前，这两步都做得不够好。如坎维威克一样，政府似乎更乐于见到这些“具特殊科学价值地点”牺牲在经济发展的神坛上，即便明显有其他选择的
183 时候也是如此。

我希望大家能够更多地意识到，那些生活在我们鼻子底下、大城市中或是最不可能的地方出现的野生动植物同样具有价值，棕地也可能拥有美妙又让人惊讶的丰富野生动植物。它们大部分靠近都市，有些就在都市之中。这给都市人提供了一个绝好的机会，只要走几步就能见识到珍稀动植物。我并非建议让所有的棕地都变成自然保护区，确实不容否认，有时它们还有更好的用途。但是，在我们召唤推土机之前，我们应当结合常识好好想想。英国的野生动植物岌岌可危，我们再也不能失去少数几个还能让它们繁荣发展的地方。

我多么希望未来的孩子们还能在池塘里嬉戏，在野外寻觅美丽的野花，在石头下翻找气步甲，倾听鸟鸣声和熊蜂的嗡嗡声。对日益增长的城市人口来说，与野生动植物不期而遇的机会将越来越少，而那些棕地在家门口为我们提供了空间。虽然是人类曾经的活动制造了它们，但现在，它们充满

了野性，与修剪得整整齐齐的城市公园截然不同。棕地里上演的是自然的进程，自然是一切的主宰。

在日益拥挤的世界里，我们生活在一个拥挤的国家，像棕地　样美好的地方屈指可数，我们应该好好珍惜。184

第八章
奈颇城堡与被遗忘的蜂

野性……想象一下我们已经失去，但本可以拥有的生活；想象一下那些早已消失，但本可以存在的物种；想象一下那些早已失去，但本该拥有的能力。

——罗伯特·麦克法兰采访乔治·蒙比特，讨论后者的《野性》一书

谁也不是每天都有机会收到一封来自城堡骑士的电子邮件，邀请你共进午餐，并带你参观他的城堡。我不由得有些感动，但同时又因为本能地表现出了渴望被“大人物”镇住的冲动，而对自己略有愠怒。我特别激动，这可是第十任从男爵查尔斯·伯勒尔爵士，是奈颇城堡的主人。自从我来到萨塞克斯，就听说过他的许多事情。那是2013年的春天，我理所当然地接受了他的邀请，并在几天后驱车来到了奈颇城堡。这座城堡是约翰·纳什在1806年为伯勒尔家族修建的。

一千米外还有一座“正宗”城堡，它是1066年黑斯廷斯战役刚刚结束之后，由威廉一世的一位骑士修建的。但让人惋惜的是，在18世纪初，该城堡的大部分都因为修路而被毁了。
185 这条路便是后来的A24公路。

我满心期待，以为会有一位身着盛装的男管家来开门，不想开门的却是一个穿着简便的户外装的小伙子。当我以“查尔斯爵士”相称时，他大笑起来，并告诉我查理[*]在书房里。我沿着走廊来到一间镶着橡木的大房间，屋里摆放着多种风格的旧办公桌，餐桌和椅子上散布着纸张、文件、旧地图、毛绒动物和照片。在这一片凌乱之中，有一个人正在走动，这正是查理。我猜想他大概有五十来岁，留着一头充满孩子气的不羁发型，笑容可掬。后来我才发现，他平易近人，是我所遇到过的最友善的主人之一。特德·格林也在那里。他或许是英国最顶尖的古树专家，熟悉古树所维持的生物多样性。他本人也是一副饱经风霜的模样，不过他的眼里闪着光，原来那是一股“邪恶”的幽默感。喝咖啡时，查理向我解释了奈颇工程的来龙去脉。

1983年，查理接手家族遗产的管理。当时，他还是一个年轻人，刚从赛伦塞斯特的英国皇家农学院毕业。那时有六

---

* 查尔斯的昵称。——编注

个佃农，3 500英亩的庄园大部分都变成了集约农业耕作。这处房产的历史记录十分翔实，其中很大一部分曾经是一座鹿园，是国王约翰最喜爱的猎场。那时，这座古堡里饲养着220只格力犬。在16世纪中叶，人们废弃了鹿园，开始大力发展冶铁，并为此建造了一座长度超过一千米的蓄水池来提供动力。很快，这个行业便没落了，这里又变成了以耕地为主，既有牧场，又有农田。这种情况一直持续到了18世纪。幸好蓄水池被保留了下来，它是工业时代的另一个遗物，不过现在栖息着众多的野禽和其他水生生物。 186

18世纪80年代，查理家族成了这座庄园的主人。不久，他们建起了新城堡，还有一座面积巨大的新鹿园环绕在建筑周围，把这里变成了一座牧场，零星点缀其中的橡树如今已十分粗壮。庄园的其他地方仍然是农田。1912年，梅里克·伯勒尔爵士蓄养了奈颇庄园的无角红牛。这种血红色的牛既能产奶，又能用作肉牛，性价比很高。经过精心培育，他的牛获得了多项大奖，并与这座庄园紧密联系在了一起。到20世纪80年代，这里已经有500多头牛。然而，由于这里位于西萨塞克斯，有着密度很大的威尔德黏土，并不太适合现代集约农业，因此这座庄园的粮食产量从来都不高。在两次世界大战之间，因为利润实在太低，有一半土地被荒废了。但在第二次世界大战期间，因为需要粮食自给，包括鹿园在内的所有土地都开始恢复耕种，耕种范围一直延伸到了新城堡的门前。

查理刚接管时，这里基本上还是第二次世界大战时的老样子，差不多整座庄园都变成了集约农场。不过，由于这里的土壤并不能使作物高产，因此始终获利很少。为了勉强维持生计，人们对这里的土地进行了更为苛刻的耕种，紧贴树篱底部和鹿园橡树周围的土地都被犁耕，目的就是为了尽可能提高产量。即便如此，补贴政策的变化和牛奶价格的下降还是导致庄园入不敷出。查理开始质疑一直以来的做法——榨干土地的最后一滴产出，到头来还是赔钱的生产方式确实有点说不过去。不过，经过几个世纪的农事劳作后，他们还
187 能做点什么呢？2000年时，他们怀着极大的悲伤卖掉了最后一头牛，同时完全放弃了奶业。

2001年，为了使收入多样化，查理与英国环境、食品与农村事务部（Defra）[43]签订了《农村管治协议》，旨在重建新城堡周围的鹿园。特德·格林过来察看了一番，震惊地发现连巨大橡树下的土地都被用来耕作，而且很多橡树的生长状况很糟。老橡树能维持令人惊异的生物多样性——生活在橡树表面与内部的昆虫和螨至少有423种，它们吃橡树的叶子，形成栎瘿，吮吸树液，啃咬树根，等等。橡树上还生长了数不清的真菌，地衣的种类高达324种，简直令人难以置信。

（我们有多少人能想到，地衣竟然有那么多种呢？更别说仅在橡树上就有这么多。）一棵橡树就是一个完整的世界，甚至在它死后依然如此，因为在数百年慢慢腐朽的过程中，许多昆虫会在死去的木头中筑巢。早期的森林里，肯定有大量已经死去、正在慢慢腐烂的木头，估计每公顷能达到200立方米，许多昆虫和真菌专门以此为生。这些昆虫为啄木鸟提供了食物来源，而其他鸟类和蝙蝠可以在朽木慢慢形成的树洞中筑巢。朽木在腐烂的同时也有助于防止水土流失，固定大量的碳，最终释放出新的树木生长所需的营养物质。简言之，死去的树是野生动植物的乐园，是林地生态系统中不可或缺的一部分。

如此看来，现代林业的做法真是令人沮丧。树木死去后，为了防止滋生病菌，它们会被立刻清理掉，同时也防止几乎不可能发生的意外事件——砸中路人。（有多少人会在大风天气里站在枯树下面呢？）在管理严格的森林中，每公顷的 188
枯木含量不足一立方米，导致以枯木为食的生物变得极为稀少。例如在英国，利用松树桩上积水的腐洞进行繁殖的松食蚜蝇已经徘徊在灭绝的边缘。类似地，据我们所知，在死亡已久、充分腐烂的空心树干中，有一种潮湿的黑色糊状物，它们是紫叩甲的繁殖地。如今，紫叩甲仅存在于几棵树中。在现代世界中，我们没有给这些可怜的生物留下任何生存空间。

奈颇庄园的有些橡树要么已经死了，要么就快死了。传统做法当然是把它们砍下来当柴烧，好在特德懂得枯木的价值。他建议查理把这些死去的树留在原地，额外多种一些新的树作为补充。在驱车来城堡的路上，我见过这种情形。老树仍然得到保留，大部分都还活着；有些中空的树已经死了一部分，没了树叶的树枝疙疙瘩瘩的，但仍有一簇簇的新叶焕发着生机；有些树木已经完全死去，被啄木鸟凿出了很多洞，巨大的树枝不时坠落到地上慢慢腐烂。这一切看起来实在是棒极了。

作为《农村管治协议》的一部分，耕地被复原为牧场。查理引进了一些牧场动物（黇鹿、埃克斯穆尔高地小马、古老的英国长角牛），都是一些生存能力强、基本上不用照顾的品种。现在，他们的房子外不再是麦田和油菜，放眼望去，一群群牧场动物过着几乎接近自然的生活。他们也注意到，昆虫和鸟类的数量也开始增长。正如查理自己所说：“现在只
189 有轻松和空间，再也没有了压力。”

这在某种程度上促使查理做出了一个大胆的举动——让整座庄园摆脱传统农业，变成一个“再野化”的项目。有些人认为“再野化”这一概念是环境保护方面的一次革命。在英国，环保方面的常规做法经常需要进行精细的管理，以此

来保留某些有特殊价值的栖息地。例如，如果不加以管理，白垩丘陵就会消失。在索尔兹伯里平原的周边地区，这样的情况正在发生。包括索尔兹伯里平原在内，那些长满鲜花的幸存白垩丘陵几乎都在自然保护区内，如萨里郡的博克斯山和南部丘陵上布莱顿附近的卡斯尔山。冬季，一队队的志愿者拿着斧子和锯，砍掉山楂和黑刺李灌丛。他们可能会把牧场动物弄过来一段时间，用拖拉机收割草地，说不定还会人工拔掉或是用灭草剂消除入侵杂草。欧石南丛生的荒野也有类似的情况。这些荒野很有价值，能为珍稀蝴蝶、鸟类、爬行动物和各种花提供理想的生存环境。但是，如果不把入侵的桦树清理掉，这些荒野马上就会变成森林。这些地方绝对算不上自然的野外，它们是几个世纪或几千年来由人类创造出的栖息地。从某种意义上来说，它们与周围的谷物田一样都由人类精细管理。

"再野化"最早由美国环保主义者和环境活动家戴维·福尔曼在1990年提出。环保运动并没有有效地阻止栖息地的缩减和消失，这让他非常痛心。"再野化"的核心在于创造巨大的保护区，然后让大自然来决定发展方向。人类尽可能少干预，理想状态是完全不干预。欧洲的最佳例子是荷兰的东法尔德斯普拉森。这片区域面积为56平方千米，在1968年围坝造田以前基本上是一片开阔的海域。此后，这片沼泽

190 保护区迅速变成了一片供涉禽栖息的重要湿地。但是，柳树树苗的入侵对它造成了威胁。如果不予以干预的话，这个地方可能就不适合涉禽生活了。也就是在那时，一位名叫弗兰斯·薇拉的荷兰生物学家提出了一个极具争议的解决办法。

早就有人认为，在人类出现之前，欧洲的大部分地区都被茂密的“原始”森林覆盖着，这种想法是通过分析保存在泥炭和湖床中的花粉得出的。弗兰斯并不认可这种观点，他认为并不完全是森林，而是由林间空地、灌木丛和密林混杂在一起组成的开放森林，并依靠大型食草动物，如原牛、野猪、野牛、鹿等来维持。再往前追溯，五万年前时，可能也有犀牛和古菱齿象，后者能轻易扳倒一些大树。甚至有一种说法，认为橡树等本土种粗大的树干，以及带有深裂纹的厚树皮是进化的结果，就是为了能保护自己不被这些早就灭绝的动物连根拔起。这听起来倒是颇有诱惑力，因为它为生态学上的一个难题提供了可能的答案，即在人类到来并砍伐森林之前，那些珍稀的草原野花、蜂和蝴蝶生活在哪里？有些生物，如只能生活在向阳处的白缘眼灰蝶，是不可能在森林中存活的。但是，说不定过去的欧洲并非全部是茂密的森林
191 呢？说不定白缘眼灰蝶[44]、蜘蛛兰等都生活在巨大的林间空地中呢？弗兰斯说服荷兰的相关部门，不要用人工或灭草剂

来清理柳树，说不定大型哺乳动物也能做这些工作，但是方法更加自然。引进的马鹿、矮种马和牛能在这里自由生活，大型捕猎动物的缺乏则导致它们的数量有些过剩。现在，人们猎杀一些动物，以免它们数量过多造成饥荒。但除此以外，几乎没有什么管理。目前，这里大概有3 000头马鹿、1 000匹矮种马和300头牛。这些动物无疑帮助抑制了柳树的生长，所以这个区域仍然是一座非常重要的鸟类保护区，生活着白尾海雕之类与众不同的物种。或许最重要的是，东法尔德斯普拉森和“再野化”的观念已经在荷兰深入人心，尤其是这座保护区距离阿姆斯特丹市中心只有10千米，访问和体验这片近乎荒野的地区十分方便。

在被保护区域面积更大的地方，“再野化”项目更进一步。史前欧洲陆地上漫步的鹿、野牛、原牛和矮种马曾经受到狼、猞猁和熊的猎杀，如果再往前追溯，捕食者还包括狮
子以及鬣狗。自然环境中总会有顶级捕食者，人类到来之后 192
才驱赶或捕杀它们，并取代了它们的位置。如果想要恢复自然群落或自然生态进程，那么就需要有顶级捕食者，或者说这是“再野化”的精神所在。再引入顶级捕食者最为著名也最成功的例子是在美国怀俄明州的黄石公园中释放狼群。1872年，黄石公园被设立为国家公园。它位于落基山脉东部，面积达9 000平方千米。（为了便于理解，我来做个比较：黄

石公园的面积比汉普郡、东萨塞克斯郡、西萨塞克斯郡和萨里郡加在一起还要大。）当然，狼是这个地区的本土物种，尽管如此，它们还是被视作不受欢迎的物种，哪怕在国家公园里也是如此。因此，在黄石公园和美国大部分分布地区，人们有意要把它们捕杀殆尽。1926年，护林员捕杀了两只幼崽。此后不久，狼似乎从这座公园里消失了。

到了1933年，有报告说，因为没有狼，加拿大马鹿[45]的数量急剧增长，植物正在消失。小树苗都被吃掉了，所以没有了新生的树木，草地也被啃得光秃秃的。公园管理部门开始了一个长期项目——射杀加拿大马鹿，但猎杀的数量并不足以阻止它们的分布范围扩大。到20世纪60年代时，当地的猎人们早已习惯了加拿大马鹿异常多，而且容易猎杀的情况，
193 他们开始抱怨护林员杀得太多了。以猎杀加拿大马鹿为生的猎人们，居然还要费事追逐它们，这简直天理难容。在美国，猎人们是庞大的票仓，所以国会威胁如果护林员无法让加拿大马鹿的数量恢复如初，那他们就有可能撤销对黄石公园的资金支持，完全不理会加拿大马鹿的数量显然已经过多这一事实。加拿大马鹿的数量再次回升，公园里的植物几乎都要消失了。

说句后知后觉的话，整件事处理得非常愚蠢，解决加拿大马鹿过度啃食的方法不言自明，那就是引入狼。当然，有

些人曾经提过这个建议。但是直到20世纪80年代，这个想法才受到重视。最后，到了1995年，在经过了几十年的争论之后，14匹加拿大狼被引入黄石公园巨大的围栏中。经过几个月的驯化，它们被正式释放到黄石公园中。第二年，这里又增加了17匹狼。

尽管受到了心情不爽的猎人们偶尔的迫害，这些狼还是活下来了。仅仅过了四年，它们的数量达到100多匹。自那之后，它们的数量徘徊在80匹到170匹之间。有些狼已经越过了公园的边界，在那里它们可以被合法猎杀。但是，由于公园外围仍然是荒野之地，所以很多狼都存活了下来。据悉，在公园内和周围的区域，现在共有约250匹狼。或许这听起来很多，但是，如果你想想这片区域的面积，你就不会有这种感觉了。即使所有这些狼都生活在公园内，那么也只能达到每36平方千米的面积中有一匹狼。

尽管狼的分布密度很低，但它们对黄石公园的生态影响非常深远，并不仅仅局限于使加拿大马鹿的数量减少了50%。这些影响被俄勒冈州立大学的生态学家威廉·瑞波详细地记录了下来。他认为狼的出现不仅降低了加拿大马鹿的数量，还深刻影响了那些幸存者的行为。加拿大马鹿通常不会去陡 194
峭的河谷，因为在那里，它们很难发现正在接近的狼群，所以更愿意待在开阔的地方。加拿大马鹿喜欢吃大齿杨、东方白杨和柳树的叶子，其中柳树生长在岸边潮湿的地方。没有狼的时候，林地的范围大大缩减，结果影响到了河狸的生存。河狸对柳树有强烈的依赖，因为柳树是它们冬季的食物来源。那时，河狸一度几乎从黄石公园内消失，但是在狼回归之后，柳树开始恢复，河狸也紧随其后恢复起来。河狸本身就是生态系统的工程师：它们筑造的水坝能创造更多的湿地和沼泽，这反过来促进了柳树的生长，同时也为两栖动物、涉禽等提供了栖息地。河狸创造的栖息地种类繁多，有深潭，有急滩，也有浅水沼泽，这促进了多种昆虫和鱼类的生长繁殖。它们的水坝也能蓄水，从而在雨水多的时候减少对河岸的侵蚀，有效灌溉下游。总之，这个长着大牙、胖乎乎的棕色啮齿动物发挥的作用实在让人震惊。

根据瑞波的研究，引进狼还有很多其他好处。没有狼的时候，郊狼曾种群庞大，但引入狼之后，郊狼退回到了陡峭的地方，这使得曾被它们捕食的小型哺乳动物和在地上筑巢的鸟类数量有所回升。被狼吃剩的加拿大马鹿的遗骸为渡鸦、狼獾、秃鹰甚至熊等食腐动物提供了食物。此外，熊还能从河岸旁重新长出来的结满浆果的灌木中获益。由狼向外辐射产生的效果被称为“营养级联”，它创造了一个引人入胜的故事。在这个故事中，恢复生态平衡使相当大面积内的野生动植物受益良多。杂志、书籍、自然纪录片中经常提及这个故

事，俘获了众多人的心。 195

最近，有些科学家质疑故事是否真如瑞波描述的那样美妙。有些人试着去验证他的说法，但并未得到与瑞波一致的结果。例如，使加拿大马鹿远离河岸未必能改善柳树的长势，而且很难找到直接证据证明加拿大马鹿在河岸边活动时更易受到攻击。尽管如此，大部分人仍然认为狼和随后恢复的河狸对黄石公园确实产生了深远而积极的影响。

查理在阅读中了解了黄石公园的故事，并去东法尔德斯普拉森见到了弗兰斯，见证了那里的情形，最终决定在奈颇做出类似的尝试。2004年，他把更多的土地从传统生产中摆脱出来。到了2009年，庄园的大部分地区都纳入了《更高级别管理协议》。根据此项协议，他从英格兰自然署那里获得了丰厚的补助，以此来维持生物多样性。所有的土地都用高高的围鹿护栏包围起来，但遗憾的是，由于有公路从中穿过，所以被分成了三块。他还拆掉了内部围栏和大门，只留下旧树篱。这里早就有欧洲狍栖息，在此基础之上，又增加了古老的英国长角牛、泰姆华斯猪、黇鹿、埃克斯穆尔高地小马。查理本打算引进一些野猪，这个英国本土物种在700年前就因猎杀而绝迹了。虽然购买并养殖野猪是合法的，但是它们需要豢养在专门定做的围栏里，得把整座庄园围起来，费用非常高，因此不可行。所以，查理选择了与它们最为接近的泰姆华斯猪。与牛和矮种马一样，泰姆华斯猪这一品种历史悠久，生存能力十分出众。它们很会养育后代，口鼻比其他家养的品种要长很多，善于寻找天然的食物。它们的抗晒能力也非常强——假如还得靠查理和他的团队去给这些猪涂抹
196 防晒霜，那就不叫“再野化”项目了。

自此以后，这些动物基本上处于放养状态。鹿的数量增加了，不过还要定期杀死一些，以防数量失控。类似地，过多的牛也会被送往屠宰场，这些牛肉在伦敦的市场上售价很高。除此之外，这些动物不受打扰。当然，它们全年都待在户外，自己寻找庇护所，自然生产，自主照顾幼崽。植物也不受任何形式的管理，这片土地被放任自由发展，根本没有要清理树木或是其他任何形式干预的打算。

距离这次宏大的实验项目开始已经有十年之久。我异常兴奋，急于见到那里的真实情况。查理把我们带到一个停着一辆巨大旧车的地方。这辆六轮军用敞篷运输车看起来几乎哪里都能去。我们爬上车后斗，呼啸着出发了，仿佛是要进行一次正儿八经的冒险，这种感觉在萨塞克斯郡是找不到的。

当我们一路颠簸，在庄园上穿行时，首先让我印象深刻的是这些田地之间巨大的差异。有些地方是开阔的草地，上面长满了黄色的毛茛，还有零星的牛马粪便。不过，最初我们并没有见到任何大型动物。兔子在我们面前轻快地跑过，

草地上还散落着一些被秃鹫吃剩的兔子残骸——一块块的皮毛和骨头，还有肢解后毛茸茸的腿。一道用来分隔田地的门在树篱间留下一条空隙，我们颠簸着从中穿过，眼前的田地呈现出截然不同的另一番景象。这里出现了悬钩子和野玫瑰丛，后者纤弱的粉红色花刚刚开始绽放。带刺灌木黑刺李和
山楂也在此蓬勃生长。这四种灌木茂密地生长在一起，形成 197
了对抗牲畜的堡垒，有的灌丛直径和高度都达到了好几米。我们从车上爬出来仔细观察。尽管它们长着刺，但很明显，它们也受到了动物的啃食，外层树叶上明显有被咬过的痕迹，树干也裸露出来。但无论如何，它们仍然在向外扩展，尽管速度很慢。最棒的是，在大丛灌木的中心，梣树、橡树和榛树冒了出来。如果没有周围带刺的灌木充当盾牌，它们不可能存活下来。很明显，这里正在慢慢向林地过渡。那些能够忍受啃咬的带刺植物正在不断走向死亡，因为它们最终会被灌丛中心长出的树遮蔽。不过，还需要等五十年甚至上百年后，能完全遮挡它们的树冠才会长起来。

我随脚踢翻了一堆干牛粪，昆虫学者常常会做这种反社会的行为。牛粪中的蜣螂和它们的幼虫数量多得让我惊讶。略加思索，我便明白了其中的道理——这里的牛不会经常注射阿维菌素。在世界的其他地方，这些除虫药经常用于牲畜，致使它们的粪便对昆虫来说也有毒性，从而减少了燕子和八

哥等鸟类能捕到的猎物数量。这些天然粪堆不含任何药物，因此是多种昆虫理想的繁殖地。到现在为止，人们已经在奈颇发现了24种蜣螂。

猪拱土留下的痕迹比比皆是——一大片的土地上随处可见被猪翻起的草皮，有的草皮甚至被丢得在半英亩范围内到处都是。去法国和西班牙时，我曾经在野猪经常出没的地方见到过这种情形，但在英国却从未有过。尽管看起来乱七八糟的，不过从生态学角度来说，这种扰乱是自然进程，而且可能不可或缺。泥土被翻动起来以后，形成了光秃秃的地方，
198 也产生了小丘和洞穴，这为植物发芽提供了场所。温暖、有遮蔽的地方所形成的微气候也成了蜂和蝴蝶晒太阳的好地方。我们认为矢车菊、麦仙翁等耕地杂草的生长与耕作带来的干扰有密切联系。在现代灭草剂和种子清选方法实施以前，这些植物一直生长在庄稼之中。你可能会疑惑，在人类出现之前它们生活在哪里呢？或许答案正是野猪创造出来的一片片裸地。

我们跳上车，颠簸着经过了几块类似的田地，但下一块田地却完全不同。这是一片黄花柳密林，里面的树高达10米，密密麻麻地挤在一起，连徒步穿过都很困难。为什么这里差别这么大？查理解释说这与食草动物的部分行为有关系，尤其是牛。刚被引进时，这些牛挤在田地之间，还无法理解突

然而至的自由。它们之前都生活在封闭的地方，所以，初到这里的它们无所适从。几周之后，它们才敢到旁边的田地里，几个月之后才走遍了整座庄园。尽管没有狼的威胁，但它们似乎还是避开了某些地方，这些地方便迅速演变成了树林。黄花柳的种子非常轻，风一吹便四处飘散，很快就蔓延开了。同时，一块田地被纳入这个项目的时间似乎会影响这块地的发展情况，查理推测，这可能取决于被纳入项目的这一年到底适合橡树、楞树抑或是其他哪一种树木的生长。令人耳目一新的是，这一切竟然完全是大自然按照自己的规划，在没有人类干预的情况下完成的杰作。查理的头脑中并没有什么目标，他只想看一看奈颇到底会变成什么样。我花了很长时间才搞懂是怎么回事，因为之前涉及的环保努力全部是有目 199
标支配的。比如，引进已灭绝的蜂，创造100公顷多花的栖息地，或者是避免入侵物种的扩散。我从未想到过居然还可以完全放手，不做任何管理。这真的是太奇妙了。

我们把车停在一个有些生锈的精致平台旁，它距离地面约六米，建在一棵颇为威严的老橡树上。我当时正与特德大声闲聊，查理示意我不要出声，带着我们悄悄地爬上平台。我不知道为什么需要安静，但心想还是别问了。从平台上望下去，底下是一大片浅浅的水域和沼泽。这里曾经是耕地，但铲走了泥土，还像河狸一样在一条小溪上筑了坝。按同样的方式，查理和他的团队还恢复了从庄园穿过的埃德河迂回的河道。他的祖先把埃德河改造成了运河，加深并调直河道，为的是方便在冬汛时有效排水。现在有充分的证据表明，这让下游的泄洪情况变得更糟，但那时，这一改造原本是出于好意。这种改造也在很大程度上降低了生物多样性。和黄石公园中河狸的做法差不多，恢复迂回的河道营造出了浅水区、深水区、激流区和缓慢的回流区，这为植物、昆虫和鱼创造了不同的栖息地。

我们安静地站在树边平台上。先是听到了一只布谷鸟的叫声，然后又听到了斑鸠在远处鸣叫。这两个物种在近些年都经历了数量的锐减，但是在奈颇，它们似乎生活得很好。一只赤鸢悄无声息地在我们头顶飞翔着，它懒洋洋地摆动着分叉的尾巴，一会儿向东，一会儿向西，一片一片地搜索着地面的猎物。查理用手指了指右侧的灌木，我注意到三头马鹿，其中有两头雌性，另一头是只幼崽。它们正从黄花柳丛
200 的影子中慢慢走进浅水，静静地吃着半露出水面的柳树嫩叶。马鹿黄褐色的兽皮在太阳下闪着光，肌肉微微颤抖着，还不时轻掸着尾巴驱赶苍蝇。我们远远地观察着它们的行为，这时，马鹿突然定住不动了，表现得十分警觉，它们的眼睛和耳朵都瞄准了远处的湖岸。在那里，一头泰姆华斯猪出现在灌木丛中，身后还跟着三头小猪。等到这四头猪在泥泞的水

边开始啧啧地饮水时，马鹿才放松下来。我看得入了迷，仿佛正在体验东非观兽旅行，但比后者更非同寻常，因为这里距离我家只有30千米。一方面，我知道它们只是猪和马鹿，是日常可见的东西；而另一方面，这一幕非常令人心醉，因为它们生活在野外。

在我们观察的时候，查理小声地和我们聊起了这些猪。很明显，它们有时会完全没入湖中，像小型河马一样消失在水下。它们在湖底的淤泥中搜寻河蚌，嘎吱嘎吱地嚼碎了一起吃掉，像是在吃巨大的牡蛎一样。[46]到了冬季，它们喜欢挤成一堆睡觉取暖，以致睡在最下面的一头偶尔会因窒息而死。这些猪对野外的生活还不是很熟悉，但总的来说，它们适应得相当好。看着母猪带着它的孩子们在浅滩中打滚，我不禁想到了那些圈养在农场围栏中，只能移动一两英尺的猪，二者的差距真是太大了。 201

那大，我们还遇到了一群长角牛，其中几只后面还跟着三头小牛犊。它们漫步在悬钩子和黑刺李之间被踩踏出来的小径上，边走边吃草。很明显，它们已经克服了旷野恐惧症，似乎对现有生活非常满意。英国的长角牛长相有些邋遢，不过也很讨喜，它们的长毛上有一片片蓝灰色和白色的斑块，有点像暴风雨来临前的颜色，巨大的长角弯曲得有些不大自然。虽然几乎没有人类参与长角牛在奈颇的生活，但它们仍然非常温顺，允许我们走到距它们一两步远的地方。庄园中有一些人行道穿行其中，所以必须选择性格温顺的品种。很明显，有长角的品种通常都很温顺。如果它们太危险的话，早就被替换掉了。

值得关注的是，在经过了数百代的圈养之后，这些驯养动物仍旧保留着一些数千年来早已无用的本能。查理告诉我们，牛群在被释放之后的几年中，有些自然行为会慢慢显现出来。它们自然地结成了十几头一组的群体，并且有一头雌性首领。如果某个群体太大，它们会分成两群，然后各奔东西。当母牛需要产崽的时候，它会离开牛群，躲到茂密的灌木丛中。产崽后，母牛会离开小牛，大部分时间与牛群待在一起，只是偶尔返回去给小牛喂奶。这种策略看起来有点不靠谱，因为刚出生的小牛孤立无助，得不到任何保护。但这正是包括鹿在内的许多野生动物的做法。或许，在它们的进化历史中，当周围有狼和其他捕食者游荡时，把幼崽藏在看
202 不见的树林中更安全。带在外面的幼崽太显眼了，狼群有可能赶走妄想保护幼崽的牛群，然后轻松地享用一顿美餐。乔治·蒙比特认为人类保留了祖先狩猎和采集时的记忆与本能，或许这些牛也从早已绝迹的祖先那里继承了一些行为。在经历了漫长的驯化、圈养和剥夺自由后，这些动物还拥有原始野生动物的一些本能，这一点让我颇感安心。

当然，奈颇庄园明显不具备顶级捕食者。在黄石公园，重新引入狼带来了巨大的好处。非常不幸的是，即使有人能够说服相关部门和当地人，告诉他们狼的存在会带来益处，但奈颇的面积实在是太小了，根本无法维持狼的生存。有些人曾提议可以在苏格兰的偏远地区引入狼，听起来倒是有一定的合理性（在我看来是一种美好的愿景）。但是这招致了很多人的反对，看起来永远也无法实现。当地的生态案例典型——苏格兰高地的部分地区由于有数量庞大的欧洲马鹿，而遭到了过度放牧，与黄石公园原来的情形一模一样。实际上大部分欧洲国家都生活着狼，在西班牙、意大利、瑞典、芬兰和东欧大部分国家都有狼的种群分布。最近几年，有一小部分狼进入法国、德国，甚至还到了丹麦和荷兰。如此看来，英国有狼出现就那么值得大惊小怪吗？虽然有些新闻标题听起来有点耸人听闻[47]，但它们对人类几乎没有直接威胁。当然，它们可能危害牲畜。但是，我们可以通过补偿农民来解决问题，难道我们真的承担不了这些费用吗？由于来黄石 203
公园看狼的游客数量激增，当地因此获得了丰厚的收益。依我看，这带给英国边远乡村的收入可能比目前养羊要高得多。

尽管如此，在奈颇引入狼并不现实，甚至体形更小的独居猞猁都不行。查理粗略地计算了一下，估计奈颇能养活半只猞猁。这样，你就可以想象一下猞猁需要多么大的生活范围了。因此，它们不太可能形成自给自足的稳定种群，人类不得不通过捕杀大型食草动物来扮演顶级捕食者的角色。当然，他们捕杀的数量会影响奈颇的发展。如此看来，这里并非完全由自然主导。不过，即便如此，这里仍然比英国南部的任何地方都更加接近自然。

你可能会想，可以引进更低一层的河狸吗？河狸是本土物种，对牲畜和人类没有直接的威胁。[48]它们曾经遍布欧洲，但由于人类需要它们的皮毛，截止到16世纪，它们仅在英国就被捕杀殆尽。到19世纪时，在欧洲的大部分地区，它们也都绝迹了。现在，河狸在欧洲的大部分地区都已经受到保护。在自然繁殖和24个人为再引入项目的共同作用下，在大部分原来的分布区又出现了它们的身影。当然，相较以前，它们的分布呈现碎片化趋势。有充足的证据表明，河狸确实能够促进生态系统的良性发展。在为自己搭建小屋的过程中，河
204 狸在溪流上筑坝，挖掘水渠，这创造了新的栖息地，增加了植物、鸟类、鱼和两栖动物的多样性。在美国，有河狸的水塘中栖息的生物的总重量是没有河狸的水塘的五倍。除此以外，它们也受到游客的喜爱。为什么它们就不能重返英国呢？

令人沮丧的是，在英国，再引入这种温和、可爱的动物也遭到了反对。英国差不多是唯一一个没有河狸的欧洲国家，

直到最近才有所改变。不过，我们的全国农民联合会非常厌恶河狸。他们的发言人在回应一次有计划的释放行动时称：“我从未见到任何证据表明河狸对生态系统有什么作用。历史上有许多引进哺乳动物造成恶果的例子，比如北美灰松鼠、野兔，甚至还有水貂。没有证据表明引入河狸有任何积极作用。”[49]

说这些话的人如果不感到尴尬，可真算难为他们了。除了缺乏起码的常识，以及顽固地否认河狸能使生态环境受益的证据外，他们犯下的另一个可笑错误就是把河狸与三个非本土物种进行比较。没有人否认水貂等外来种会造成巨大的破坏，但河狸毋庸置疑是本土物种。它们在本地消失的唯一原因就是我们把它们都猎杀了，变成用来保暖的帽子。除了全国农民联合会以外，苏格兰的渔猎产业也抵制引进河狸，他们担心河狸活动会损害鲑鱼。其实在其他地方有许许多多
的证据表明，河狸的活动只会使鱼类受益。 205

即使有人出于本能提出了反对意见，但再引入河狸的观点最终还是占了上风。2009年，16只河狸被引入苏格兰西部阿盖尔郡的纳普代尔。大约与此同时，在苏格兰东部的泰赛德和德文郡南部的奥特河里也出现了河狸，但它们是非法放生的结果。官方的释放行动也并非一帆风顺。有些河狸被心怀不满的当地人非法猎杀了；还有一只河狸伐倒了一棵树，结果把自己砸死了，估计它能获得河狸界“达尔文奖”的提

名。尽管如此，截至2014年，共有14只河狸幼崽在野外出生，吸引了三万多人来到奈颇参观河狸和它们的家。释放行动的成功或许也帮助说服了英国相关部门允许保留德文郡的河狸种群。现在，它已经变成了一个官方再引入项目，受到了德文郡野生动植物基金会的监督。最近的一次调查显示，这里至少生活了12只河狸，其中包括一只2015年夏季在野外出生的幼崽。几乎可以肯定的是，奈颇拥有足够的淡水栖息地和充足的小树供它们啃咬和伐倒。如果可以见证这些活动对塑造环境的帮助，那就太棒了。查理希望有朝一日这些都能变成现实。

在奈颇度过了一天之后，我感觉有些饿了，便急切地想要找个理由返回去。好在马上就出现了那样一个理由。查理和他在奈颇的团队非常渴望弄清他们到底有哪些野生动植物，也想知道随着时间的推移，它们正在发生什么变化。他们进行过多项调查，例如调查植物、鸟类和蝴蝶的数量。但是，从来没有人调查过蜂的数量。查理问我是否愿意承担这项任务，这当然是一个难得一遇的机会。在春季和夏季时，每个月都能在奈颇逛一圈，这种机会实在是令人难以拒绝。我非
206 常善于辨识熊蜂。研究了这么多年，如果还不能做到这一点，那才尴尬呢。但是，我并不善于辨认一些体形较小的独居蜂。所以，我问我的博士生汤姆·伍德是否愿意加入。汤姆是一

个非常典型的昆虫迷。说到这里，你可能想到的是瓶瓶罐罐。他的博士研究内容是农田中的野花带在促进熊蜂数量增长方面究竟效果如何，因此工作的时候整天都在研究蜂。周末时，他会去寻找蜂，尤其是较为罕见的独居蜂种。假期时，他还会去欧洲南部寻找更多的蜂。他很快就要过生日了，所以，他希望我能送给他一些关于蜂类的专业书籍，最好是罕见、昂贵的大部头著作，冠以引人入胜的书名，如《认识摩尔多瓦西南部的隧蜂》[50]。可能你觉得我是一个蜂迷，这么说当然没错。但是，与汤姆比较起来，我对蜂的热爱可以说是非常随意，可有可无，十分业余。汤姆对蜂才是真爱，或许是“前无古人，后无来者”的那种。如果我想要找到奈颇所有种类的蜂的话，那他正是我需要的助手。

就这样，我们在2015年四月中旬开始了调查。奈颇的生态学家彭尼也加入了我们的行列，因为他非常渴望对蜂类有进一步的了解。那是个阴天，还有点冷。我们的开头不太顺。因为是早春，所以奈颇的花并不是很多。经过牲畜一个冬天的啃咬，大部分草地在这个时候还非常矮。除了黑刺李树篱
和灌木中正在盛开的花以外，几乎没什么其他的花。然而黑 207
刺李并不受蜂类喜爱。所以，我们很难找到许多蜂，只见到了几只欧洲熊蜂和红尾熊蜂等常见种类的蜂王。

或许我们见到的其他生物更令人激动。彭尼曾经在庄园

里投放过一些旧锡片。尽管看起来不太整洁，当然也并非天然，但这些锡片却为观察爬行动物提供了好办法。锡片下面经常有蛇和蜥蜴出现，在春季寒冷的日子尤其常见。这是因为锡能吸收热量，使这些动物暖和起来。在我掀开的第一块锡片下，我发现了一团蛇蜥，有深棕色的，有银色的，还有浅黄褐色的。由于我的打扰，缠在一起的蛇蜥慢慢散开，在沉默的惊恐中朝四面八方溜走了。我翻起另一块锡片，下面有更多的蛇蜥和一条个头不小的横斑水游蛇，大约有三英尺长。离查理和我曾经观察猪的地方不远也有一块锡片，下面藏着几只青蛙、一只普通欧螈和一只冠欧螈。我本来可以花上一整天的时间，翻开锡片进行两爬类探险，但这并非一个寻蜂的好方法。所以，我决定还是先忙手头的工作。

我们翻锡片的位置附近有一簇黄花柳树苗，上面开满了备受蜂类喜爱的花，我们在这里找到了很多蜂。黄花柳雄树粉扑一样的黄花既能产生花粉，也能产生花蜜；雌树淡绿色的花只能产生大量的花蜜。由于四月时开花的植物很少，因此这些黄花柳树便成了许多熊蜂蜂王和一些独居蜂的主要食物来源。幸好奈颇的黄花柳树长势非常好，吸引了几只常见熊蜂的蜂王，主要是早熊蜂和欧洲熊蜂，也有几只早熊蜂的工蜂。

奈颇有几片古老的小树林，我认为这或许是一个寻蜂的

好去处。现在，蓝铃花刚刚开花，花丛中常有一些熊蜂的蜂 208
王正在觅食。蓝铃花树林是英国标志性的栖息地，尽管它们的分布范围很广，但其他地方的分布密度都比不上英国。在英国，它们的蓝色花海能从四月中旬延续到四月末。到那时，它们头顶的枝条上会长出树叶，在剩下的时间里遮挡住它们的阳光。我走到一棵巨大的橡树旁，想看一看树下有什么。但是，我并没有见到蜂，也没见到蓝铃花，反倒是看到了几头猪。三头母猪和数不清的小猪挤成一团，躺在一起，把周围毁得一塌糊涂，林地的泥土都被它们拱了。查理后来告诉我，猪非常喜欢吃蓝铃花的鳞茎，所以蓝铃花生长的地方对它们来说只有一个含义——该吃饭了。在欧洲大陆上，林地中的植物种类更多，通常混生在一起，但往往都没有英国的漂亮。泥土堆间还生长着几株蓝铃花，但大部分蓝铃花都不见了，土里长出了五叶银莲花、黄水仙和欧报春，我猜想，一段时间以后，它们会向四周扩展的。

这产生了一个有趣的问题。我们漂亮的蓝铃花林地是受人工干预形成的栖息地吗？它们仅仅出现在英国，是不是因为我们对捕猎野猪的狂热把蓝铃花最大的敌人都消灭了呢？
对于那些希望把野猪在欧洲大部分地区的生活状态复制到英 209
国野外的人而言，他们能够承受失去大部分蓝铃花林地的代价吗？[51]我可以给出肯定的回答。但这只是我的判断，其他人肯定会有不同的意见。就环境保护而言，往往没有标准答案。

我蹑手蹑脚地走近这些正在睡觉的猪，边走边拍摄。突然，它们察觉到了我的存在，嗖的一下散开了，卷起一团尘埃，边跑边发出哼哼声和号叫声。真不知道在和这些巨大的动物近距离接触时该做出怎样的反应，因为我很快意识到，那些母猪比我的体形大得多。它们是野生动物还是饲养的结果？我说不准。肾上腺素的作用瞬间传遍了全身。当然，等这些猪回过神来，它们一下子变得很友善。母猪返回原地继续睡觉，好奇的小猪一点点地挪过来，给了我拍照的机会。

我意识到我又有点不务正业了，便离开这些猪去找汤姆和彭尼。与此同时，汤姆正在忙着寻找独居蜂。这些蜂大多个头很小，如果没有经验，很难把它们分辨出来。它们甚至没有一个令人满意的统称——虽然它们常被称为“独居蜂”，但其实有些并不独居。汤姆更喜欢用“不具花粉篮的”蜂来称呼它们，因为从专业角度来说，用熊蜂和蜜蜂专有的花粉篮来描述它们会更准确一些。然而这个名字过于深奥，大多数人根本不懂。或许“被遗忘的蜂”这个名字是最好的选择，因为科学家很少研究这些不起眼的生物，大多数人对它们根本一无所知。不过，我们了解的情况表明，这些被遗忘的蜂在庄稼和野花的授粉方面发挥了重要作用，它们的生活史迷人而复杂，并且千差万别。

这些被遗忘的蜂通常聚在一起筑巢，有时地上会有成百上千的巢穴聚在一起，被挖出的土形成了一座座的微小的环形山。在大部分种类中，每只雌蜂都有自己的巢穴。（不过， 210
它们究竟如何记住自己的巢穴仍是未解之谜。）雌蜂靠自己的力量储藏花粉，在里面产卵并密封起来。这些卵就在巢里自行发育，无须后续的护理。在这些独居蜂中，有一些其实是群居物种。它们的蜂王筑造一个巢穴，然后养育一批工蜂，后者帮助它养育一群雄蜂和新的蜂王。换言之，这些蜂的生活方式与熊蜂非常类似。我好不容易找到汤姆的时候，他已经发现了那么一个物种的巢穴聚集地。它们的名字稍微有点长，叫锦葵淡脉隧蜂。[52]这种灰色的蜂身长仅六毫米。这些巢穴筑在一条未长草的黏土车辙上。雄蜂在巢穴入口上方来来回回地巡视着，寻找交配的机会，雌蜂则进进出出地往回搬运花粉，尽力躲开那些渴望交配的雄蜂。

由于实在没什么收获，我放弃了在黑刺李灌木中寻找熊蜂，转而在不长草的土地上开始搜寻。我们马上就找到了 10 多种不同的蜂，大多是地蜂属的成员。它们基本都很小，腹部多为亮黑色，常被称为地蜂。全世界有超过1 300种地蜂，大部分都很容易被人忽略。有些长得非常漂亮，如红足地蜂 211
和红褐地蜂。前者的胸和腹部是红色的，后者是为数不多能引起关注并获得俗名的独居蜂。在我小的时候，我家的草坪上就有这么一群蜂。它们个头很大，身上呈铁锈色。我特别喜欢弯下身子，偷窥它们的洞穴。这时，雌蜂们往往也会盯着我看。我们也找到了一只黄斑艳斑蜂。这种一丁点儿大的蜂几乎无毛，全身略呈红色，属于盗寄生蜂。它们会趁着地蜂的蜂王不在时，偷偷溜进它们的巢穴，在储藏花粉的地方产下自己的卵。艳斑蜂与杜鹃极其相似——它们的卵孵化很快，新孵出的艳斑蜂首先会杀死寄主的卵或幼虫。艳斑蜂幼虫的巨大镰刀形上颚就是为了完成上述工作而生的。铲除寄主的后代之后，艳斑蜂便可以悠闲地享受储藏的花粉了。在艳斑蜂成长和蜕皮的过程中，它们会失去巨大的上颚，因为这对于享受花粉没什么用处。这种手段似乎有些卑鄙，但是恶行结好果，现在已知的艳斑蜂就有约850种，每种都适应了不同的寄主。

在接下来几个月的寻访中，我们见证了植物随季节的变换而发生的奇妙变化。早春时，草地上的草非常短，花也很少。这些植物冬季一定生长很慢，而且被牛、鹿和马啃得很低。如果春季和夏季还是这种情形，那么蜂类一定还会很少。我猜想事情可能真的会照此发展，可我忽略了显而易见的一点：植物的生长会随季节推进而提速，但动物的数量几乎是一成不变的。五月末，草地变成了匍枝毛茛的海洋，点缀着

一片片长尾婆婆纳，阴凉的地方还铺展着紫色的欧活血丹。 212
悬钩子花刚刚从灌丛中冒出来。到了七月，开阔地带长满了没膝的白车轴草和四籽野豌豆，点缀着一簇簇红车轴草和百脉根。食草动物非常喜爱车轴草，但是车轴草的数量远超过了这些动物的需求，所以它们有机会生长至开花。八月是止痢蚤草的天下，它们毛茸茸的灰绿色花茎上顶着雏菊一样的黄花。这种植物不受食草动物的欢迎，在奈颇的大部分牧场上却非常常见。查理本来打算去控制它们的生长，因为它们确实造成了牲畜食物的减少，但是这种做法违背了他的初衷。如果蚤草想要疯长，那就顺其自然吧。我想，这里不久就会恢复某种平衡，因为能吃蚤草的昆虫已经出现了，它们正在享受充足的食物资源。走着瞧吧。

在这一年中，我们找到了10种熊蜂，它们都算得上是非常稀有的物种。更令人兴奋的是我们还发现了其他蜂类。夏季结束时，我们已经找到了42种不同的蜂，其中包括许多之前未发现的地蜂和另外几种艳斑蜂，还有叶舌蜂、集蜂、壁蜂等多种蜂，其中有些在英国非常罕见。或许最让人激动的是我们找到了另一种盗寄生蜂：粗颈红腹蜂。它们在欧洲极为罕见，位列英国濒危物种红皮书的榜单之上，是首要的保护对象之一。与艳斑蜂略有不同，成年雌性粗颈红腹蜂会进入宿主的巢穴，并亲自杀死宿主的后代，然后在里面产卵，而不是等着自己的后代来做这些卑鄙的事情。粗颈红腹蜂个头非常小，只有六毫米长，有一条鲜红色的条带环绕腹部。
213 它们专门袭击名字响亮的宽带淡脉隧蜂。

当然，我敢肯定还有很多物种我根本没看到。在3 500英亩的庄园里寻找只有五毫米长的生物，无法把它们全部找到也是情理之中的事。我们也无法得知，在“再野化”项目开展之前，这里有哪些物种。在奈颇还是一座普通农场时，查理就打算为里面生活的野生动植物列一个完整的清单，以便人们观察随时间推移而产生的变化，但是，他既没有时间也没有资源实现这一理想。至少我们能看到未来它会发生什么变化：哪些新物种出现了，哪些物种消失了。这样的观察非常奇妙。或许终有一天，一些罕见熊蜂会来到这里。我想随着时间的流逝，这里的植物群会更加多样化，有些物种可能需要几十年的时间才能到达这里。可以确定的是，奈颇的植物和动物群落会随时间的推移而发生变化，这也是自然的脚步。

有意思的是，人类讨厌改变，他们非常乐意保持现状。查理的项目从一开始就遭到了许多人的反对，有些当地人觉得放弃农田是不道德的行为，因为农民的义务就是要保证农田整洁有序，能高产。当然这种论点本身就靠不住。我们可能已经习惯了现代社会种植单一作物的大块农田，但这些其实是相对较新的现象。一百年前，在机械化和化学杀虫剂出现之前，农田要比现在杂乱得多，都是用茂密的树篱分隔开的小块农田。有些田地里生长着庄稼，庄稼中间长着五花八门的耕地杂草；有些荒着，生长着更多的杂草；有些地被用来种饲料用草；还有些用来放牧。四千年前，可能这里大部分地区是森林；四百万年前，这里是森林或者是类似稀树草原的地方，大象漫步其中。谁能说土地该是什么样子？但是，人类本能地拒绝改变，无论眼下有多乏味，都想要维持已经习惯了的东西。 214

在这个项目刚开始推进时，有一家人抱怨晚上总是被鸟叫声吵醒。他们的小屋子有三面被新出现的荒野包围着。简单调查之后，大家发现噪声来源于一种中等大小的棕色鸟儿。这是一只夜莺，它性情羞涩，把家安在了附近的一簇灌木丛中。奈颇之前没有夜莺，而现在，这里夜莺的数量占英国总数的2%，其中大约有140对处于繁殖期。夜莺喜欢在距离地面一二英尺高且向外延伸的茂密灌木丛中筑巢，奈颇那些被废弃的向侧面伸展的树篱为它们提供了理想的栖息地。四月末，雄鸟从非洲的越冬地返回，寻找一个理想的筑巢场所，然后大声歌唱，吸引那些正向北飞的雌鸟。夜莺大都在夜间迁徙，因此雄鸟会选择在夜间歌唱，它们希望用自己的小夜曲把正在黑暗中飞行的雌鸟吸引过来。它们以歌曲动听而闻名，其中有液体流动般的颤声，也有高声的啭鸣。[53]估计是因为雌鸟很难被打动，因此雄鸟需要充满激情地高唱才有机会赢得某一只雌鸟的芳心。所以，可以想象一下查理邻居的遭遇，他们每晚都要听着夜莺不停地鸣叫，而且这颗心还在滴血呢。值得庆幸的是，这个故事有一个美好的结尾。现在这些居民知道了噪声的真相，最终懂得了夜莺的价值，甚至喜欢上了它，意识到了自己多么有幸能拥有此种特权。正如我之前所说的，我们人类的一个怪异之处是拒绝改变，哪怕是向好的方向改变。

由于有了纳税人的钱，奈颇的实践项目才真正成为可能。
这些钱以补贴的形式发放，每年25万英镑。奈颇还有其他一
215 些收入来源：销售高品质的肉，观赏野生动物，组织“特魅
营”[54]活动，在豪华圆形帐篷中举办婚礼，把以前的农场建筑
出租为办公室或车间，以及很多其他查理和他的团队能想到
的方法。总的来说，他们略有盈余，足以维持下去。你可能
会质疑为什么要把自己的钱拿来做这些。我个人以为，与其
他许多花钱的渠道比较起来，这些都非常廉价。[55]当然，你也
能看出来我完全赞同这种做法。

在我看来，奈颇最令人着迷的一点在于，它最了不起的
成功根本不是计划或预料之中的。当初这里并没有特意安排
要吸引夜莺前来，但它们来到了这儿。在英国，夜莺的数量
216 经历了巨大的滑坡，从1967年至2007年间，英国夜莺的数量

下降了91%，是有记录以来下降最多的繁殖鸟类。如果当初有人想要为它们创建一片栖息地，那么肯定不会采用查理在奈颇的做法。因为，人们把夜莺数量的下降归咎于英国日益庞大的鹿群，还说是它们的过度啃食破坏了夜莺筑巢的灌木丛。所以，如果想要恢复夜莺的数量，创建一座充满鹿和其他食草动物的围场似乎并不是一个好主意。

奈颇的另一个成功之处是紫闪蛱蝶的出现。扫一眼英国蝴蝶指南，你就会发现有两个物种与众不同：金凤蝶和紫闪蛱蝶。前者黑黄相间，呈风筝形，有优雅的尾状突，十分漂亮，可惜现在它们仅存在于诺福克布罗兹；后者个头很大，属于很强壮的昆虫，雄性有着虹彩般的紫色翅膀。它们都是我童年时在什罗普郡的乡下才敢奢望见到的物种。紫闪蛱蝶并不容易见到，它们通常只在英国南部大片成熟的落叶林中出没。不过，即使在那样的地方，你也很难找到它们，因为它们大部分时间都待在树的顶部。它们以蜜露为食，而这其实是蚜虫带有甜味的粪便。如此一来，紫闪蛱蝶就不需要到下面来寻觅花朵。雄性紫闪蛱蝶会在特别高的树冠上建立自己的领地，这棵树被爱好者们称为“主树”。雄蝶在树冠上展开空战，翅膀在七月的阳光下熠熠生辉，与园丁熊蜂的做法并无二致。雌性则把卵产在林中小路或林间空地旁的黄花柳树上。可能有人会得出结论，如果想要保护紫闪蛱蝶，最好

的策略应该是不惜一切代价保护好古老的林地。如果有人建议耕地在十年之内也可以成为紫闪蛱蝶重要的栖息地，那么
217 他们一定会被人视作疯子。不过，这种情况正在奈颇发生。在一些草地上，黄花柳迅速繁殖，长得过高的树篱旁的橡树起到了“主树”的作用。在“再野化”项目启动以前，奈颇根本没有紫闪蛱蝶。但到了2013年，人们曾经在一天之内就发现了84只雄蝶。（在做调查时，人们一般关注领地里的雄蝶，因为通过双筒望远镜就能观察到它们。虽然有些困难，但这还是要比找到并数清那些颜色不太显眼，也不太活跃的雌蝶要容易得多。）

不幸的是，在人类活动中，一个反复出现的特征是我们在不断地塑造着变化，有时是故意地，也常常是无意地。几百万年来，这个星球上的变化通常都是逐渐进行的。除了偶尔发生的小行星撞击以外，数千万年中可能不会发生太大变化。冰河时期的到来和消失用了数千或者数万年。每一年，都会有几个物种自然走向灭绝，但也会逐渐演化出新物种。如此一来，在千年之中，全球生物总量能够保持净增长。这种情况直到最近发生了改变。现在，由人类导致的大规模变化可能在几年甚至几个小时之内发生。我们砍伐森林，创建农田；引进外来种；引入休耕机制；严重破坏渔业资源；密植非本土的针叶林然后把它们砍掉；排干沼泽，建设水坝和水库；放弃边际土地；废

弃几年前才刚刚推行的休耕机制；造成酸雨再勉强地加以治理；造成臭氧空洞然后进行部分修复；改变气候；消灭大型捕食者；引进数不尽的杀虫剂和污染物，只有在见到预料中的危害后才部分禁止使用。如此等等，不一而足。在这一番又一番的变化中，野生动物要么不得不进行适应，要么就死掉了。大部分生物都可以适应逐渐发生的变化，特别是当它们的群体拥有巨大的遗传多样性时，这更加不成问题。但是，鲜有物种能应对我们连续施加给它们的迅速变化。我有时希望我们能够学 218
会静止一段时间，让大自然赶上来。但是，看起来那是人类在短时期内最不可能做的事情了。

奈颇是一个极好的例子，它能证明我们停下来以后会发生什么。停止所有的一切——停止为环保所做的努力，停止干预，停止尝试管理，让自然追上来，吸收之前发生的变化，然后自行其是。谁知道奈颇接下来会发生什么，还有什么新物种会出现？一年后，十年后，一百年后它会是什么样？尽管我是一个科学家，理解和预言这些变化是我的工作，但事实是，我们确实无法知道以上这些问题的答案，也无法预测。而这正是我所乐意见到的。

奢望在英国的每个郡都能有一个“再野化”项目难道非常过分吗？希望近在咫尺的地方能够变成体验冒险的乐园，在这里，我们能够感受不受约束的大自然，可以窥见紫闪蛱蝶的身影，可以倾听夜莺的歌声，或许还能听见河狸用尾巴拍水，提醒它的家庭成员我们正在靠近。

我并非要建议抛弃传统的自然保护区，毕竟它们发挥了重要的作用。但是很明显，传统的保护模式，即建立保护区来保护某一片稀有栖息地或某一罕见物种的方式，并没有能够阻止野生动植物迅速减少的趋势。或许还有另一种方式，能帮我们与自然界重新建立联系。

环保有时让人非常压抑。我常常感觉自己在亡羊补牢，投身于一场与永不间断的人口增长和不顾一切追求无效经济增长的斗争。在这场战斗中，人类正在走向失败。如果你感觉完全没有任何希望了，那么不妨来奈颇或坎维威客看一看，这样你便会增强信心。自然有非常奇妙的修复能力，尽管我们破坏的时间越长，康复所需的时间就越长，但它终究会恢
219 复的。堆满工业粉煤灰的潟湖能变成长满鲜花、众多昆虫出没的草地，难道还有什么比这更像魔法吗？

总有一天我们会停止破坏地球，要么是因为我们被自己清除掉了，要么是因为我们学会了生活在自然之中，而不是对它施以控制。到那时，野生动植物还会回来。它们会从混凝土的缝隙中爬出来，从留存在土壤中的种子里萌发，它们会适应、繁衍、进化成崭新而又美妙的形式。如果我们自己
220 或是我们的子孙能看到这一幕，那就太好了。

后　记
后院的蜂

全世界的生物多样性正面临威胁，尤其是在像厄瓜多尔这样充满异域风情的地方。这个国家自然景致异常丰富，但是国民非常穷，并且人口正急剧增长。对我们来说，从远处批评他们，哀怨那里的森林砍伐、环境污染和愚蠢地引进入侵物种是件非常容易的事。但这样做的同时，我们在做什么呢？我们正居住在舒适的房间里，一边看着来自韩国的平板电视，一边享受来自加利福尼亚州的杏仁，时不时品一口澳洲的莎瑞斯葡萄酒，思索到底是去马尔代夫度假还是留在特内里费岛。事实上，处在发达国家的我们根本没有资格去说教，因为我们早已彻底破坏了我们的国家。我们砍掉了国土上的森林，消灭了土地上生活的大部分野生动植物来建设城市、公路、购物中心、高尔夫球场，当然也大面积种植了单一的作物。即使当我们发现有些野生动植物就栖息在我们的大城市里，甚至就在我们面前出现时，我们仍然不能有效地去保护它们。发展中国家的很多需求也是我们创造的，是我们对化石燃料、食物、矿物和其他资源的无止境消费导致了这一切。在发展中国家购买廉价土地，建立工业化农场，进行破坏性采矿活动，在地上挖出大洞并污染河流和土壤的罪魁祸
221 首往往是欧洲和美国的大公司。不管怎样，我们都没资格指责发展中国家的人们对奢侈生活方式的努力追求。

如果我们想要拯救世界，我们就有能力做到。当然，我们也必须这样做。在五罐可乐中选择少喝一罐，做类似这样的事情并不会给我们的生活造成困难。我们要杜绝跨国公司利用发展中国家在环境立法方面的缺陷而明目张胆地牟取暴利的行径；我们可以为贫穷国家提供资金，让他们保护好自己的野生动植物，这根本花不了多少钱。但是，我们也需要约束自己的生活，因为我们仍然在牺牲古老的林地来建设新的铁路线，用大量的化学物质污染农田，甚至不惜花费巨资在页岩中探察天然气，然后还装出一副要解决环境变化的样子。

所有这些问题都很难解决，我们经常感到孤立无助。如果不是在选举中为自己装个门面，主要政党很少提及环境问

题。还记得在2010年的选举活动中，戴维·卡梅伦短暂的北极之行吗？当时他承诺要打造“有史以来最绿色环保的政府”，但随即便任命对环境变化持怀疑态度的欧文·佩特森担任环境大臣。当然，我们也并非完全孤立无援。除了几年一次的选举以外，我们每天都做着重要的选择。正如简·古道尔所说：“我们必须意识到，每天我们都会产生某种影响。我们能够选择对未来产生何种影响。”

环保始于家中。我们应该尽可能回收利用所有可以回收的东西。我们可以做到完全不产生注定被扔掉的垃圾，尤其是可以选择不去购买过度包装或利用不可回收物进行包装的食物。最近，我在社交媒体上见到某人在一张图片下配的文字说明，图片上是正在莫里森超市售卖的香蕉，每一根香蕉都被置于聚苯乙烯托盘上，并包裹着塑料保鲜膜。图下的评 222
论说道：“如果香蕉能进化出干净卫生、方便剥离的外包装就好了。”我们为何要忍受这种胡说八道呢？每个人都应该尽力购买由本地有机农场生产的食物。我们周围有很多这样的地方，它们需要我们的支持。如果我们不在一月购买产自智利的草莓，我们一样能过得很好。或许，我们大家都不买了，那么智利政府也就不需要进口我们这里的熊蜂。超市马上就会对顾客的需求做出反应，集体的购买行为从而有可能在全球范围内影响食物生产的方式。我们都应该有一个肥堆或者养虫箱，又或者二者兼有。当然，对于生活在公寓的人来说这可能有些困难。如果有地方的话，你应该自己尝试种一些富含营养的健康食物，再种点花来吸引蜂儿、蝴蝶和鸟类。虽然听起来有些不太可能，但每一个小的决定都意义非凡。毕竟，现在世界上约有七十亿人，我们每个人的手中都掌握着这个星球的未来。

想象一下，如果英国的每座花园都是野生动植物友好型的，种着村舍花园里的香草、野花，以及自己种植的健康蔬菜，或许在角落里也有一座自制的供独居蜂筑巢的地方。我们为什么不能在花园和城市中禁用杀虫剂呢？世界上有一些城市已经这样做了，而且并没有出现害虫泛滥成灾的情况。再想象一下，如果用市政厅的土地来养育野生动植物：路旁草坪和环岛不需要五分钟就割一次，而是种上野生花卉；公园中的草坪可以长时间生长。我们应当说服本地有关部门不要在每个春季摆放一年生的花坛植物，而是在公园的狭长花坛中种植能吸引蜂类和蝴蝶的多年生植物。在大学和中学的校园中，我们还可以建一些长满花的干草草地。在工业区和
223 科技园区中，不要再种植常绿的外来植物，而是种植能开花的本土灌木，这样就可以为蜂类提供食物，也能为鸟类提供浆果。为什么不能在郊区的街道旁种植苹果、梨和李树呢？这样，居民就能在街道旁采摘水果，孩子们也能在上学的路

上品尝苹果的味道。我们可以在建筑的屋顶和墙体上种满绿植；可以保护野生动植物丰富的棕地，让它们对公众开放，而不是把它们都铺成柏油地面；可以绿化城市，让野生动植物生活其中，并创建英国最大的自然保护区，而这些根本不需要额外花钱。我们的孩子也可以更加亲近自然，更加尊重自然，能够在高高的草地里用手捕捉蚱蜢，能够观察蜜蜂在荷包豆间飞舞，能够在本地的河渠中寻找蝾螈和边纹龙虱。如果这一切是我们想要送给他们的礼物，那么现在就该采取行动了。我热切地希望我们的后代能有机会亲近自然，这样他们才能爱上自然。我最恐惧的是我的孙辈们（如果我有的话）在一个灰色、枯竭的钢筋混凝土世界里长大，根本无法亲近自然，也无法知道和在意自己失去了什么，因为自然几乎已经消失殆尽。情况可以不必如此，因为我们能够做到绿化城市。既然与日俱增的城市化不可避免，那么我们就应发挥想象力，让我们的城区变成自然保护区的延伸，在那里，人类与野生动植物可以和谐地并肩生活在一起。或许期待我们的城市变成“英国的雨林”有点异想天开，但是如果我们真的去尝试了，那我们的子孙一定会感激不尽。 224

注 释

1 一种有塞子的小玻璃罐，塞子上有两个可伸缩的塑料管。一根管子的末端指向昆虫，另一根管子则供昆虫学家吮吸。正常情况下，昆虫会被吸进管子，随后落入罐中。一个重要的特征是，用于口吸的管子在罐内侧的一端里有网状物——否则罐子里的东西很容易被吸入肺部。即便如此，当昆虫学家处在捕获昆虫的兴奋中时，很容易就吸错了管子，并吸入之前捕获的所有昆虫。昆虫收集瓶由美国昆虫学家小弗雷德里克·威廉·普斯在20世纪30年代发明。

2 在英格兰地区，豹灯蛾的毛虫一度十分常见，孩子们会称它为“毛熊”。然而这些年来，由于豹灯蛾的数量急剧减少，如今的孩子很少能再见到这种昆虫。

3 在克里斯·科登的《索尔兹伯里平原：从19世纪90年代开始的平原军民生活》一书里，作者列出了军队在平原上各种各样的、不时有点古怪的军事活动，时间从那时一直贯穿至今。

4 有些物种被正式认定为濒危——BAP代表“生物多样性行动计划”，对于这个榜单上的物种，政府应该已经制订并启动了保护计划。在英国，“BAP榜单”上的熊蜂有七种。但是，在2010年，这一计划被终止了。

5 第二年，我和团队中的大部分成员再次回到这里，计划展开更加深入的调查。想要捕捉在头顶高速盘旋的蜂可不容易，但我还是成功地捕捉到了几只。我很惊讶地发现，被捕捉到的蜂无一例外地属于红尾熊蜂和断带熊蜂。在这个平原上，欧洲熊蜂、牧场熊蜂及早熊蜂比红尾熊蜂和断带熊蜂常见多了，然而前几种好像都没有这个奇怪的行为。2003年和2004年夏季，我和团队花了几天站在平原中部，捕捉那些在我们头顶盘旋的蜂。我最初的感觉是正确的——某些熊蜂种类确实更常有这种行为。直到现在，我还一直在好奇它们为什么会有所不同。或许这几种熊蜂会投入更多的精力来记忆它们遇到的地标，方便飞行导航；再或者红尾熊蜂和断带熊蜂只是更加好事而已。

6 为了做到这一点，我们取下蜂的某一条腿的最后一截——这听起来有点残忍，好在这些可怜的蜂几乎不受任何影响。

7 在《草地上的嗡嗡声》这本书中，我描述了如何利用这种植物恢复长满野花的草地，也描述了在阿尔卑斯地区，作为偷盗花蜜高手的熊蜂如何相互学习偷盗小鼻花的花蜜。

8 青贮饲料就是把新鲜的草割下来，密密实实地堆成堆或打成捆，然后用塑料密封起来。在这种无氧条件下，草不会变质，但会稍微发酵，外层变成棕色，带有牛和羊特别喜爱的味道。和干草不同，它们不需要晴朗的天气来晒干。而且，如果肥料充足，草会长得很快，每年能收割几茬。这比晒干草的牧场产的饲料要多很多。对农民来说这当然是好事，但对蜂类、鹀和长脚秧鸡来说，可就是另外一回事了。

9 这些岛屿甚至曾被用作简易监狱。1732年，一位苏格兰法官、政客格兰奇勋爵和妻子吵翻了。他们结婚25年，并且育有九个孩子。妻子指控格兰奇对婚姻不忠，而且还密谋叛国。格兰奇为了让他的妻子闭嘴，找人绑架了她，并把她带到莫纳赫群岛。两年后，他可能认为这里仍然不够远，把她转移到向西60千米之外的圣基尔达岛。这位可怜的女士又在那里生活了十年。

10 苏格兰官员鲍勃·道森是熊蜂保护基金会的前任主席，致力于以10平方千米为网格单位向外拓展搜寻熊蜂栖息地。他以已知的种群为参照，搜寻临近地区的种群和任何可能的栖息地。如果你去查看国家生物多样性网站上的卓熊蜂分布图，你将会注意到2008年至2010年期间，它们的分布范围几乎增加了一倍。但是，恐怕这主要是鲍勃努力寻找和记录造成的结果。从更广泛的意义上来看，很难区分到底是卓熊蜂的分布范围真的扩大了，还是人们记录得更加卖力了。

11 阅读《螫针的故事》，了解更多关于熊蜂嗅探犬托比的故事。

12 这些蜂在英国根本就不存在，因此它们当然没有英文名。我建议可以给这两个物种取名为长头熊蜂（old carder bumblebee）和红尾盗熊蜂（red-tailed robber bumblebee）。至于我为什么给后者取这个名字，以后你就清楚了。

13 我确实非常喜欢波兰食物。不过，到行程结束时，那些大小各异、拥有众多形状和颜色的香肠对我来说味道都一样。

14 非常遗憾的是，为了能够确认某一物种的种类，有时必须要收集一些昆虫。如果不能准确地鉴定它们，我们就不可能加以研究，也不可能找出保护它们的办法。

15 我后来在瑞士的阿尔卑斯山进行野外考察时才对这个物种有了深入了解。我在《草地上的嗡嗡声》中描述了这些发现。我发现红尾盗熊蜂习惯从一侧盗取花蜜，这证明了该蜂种的个体之间存在偷盗行为的相互模仿，其内容甚至包括采食花蜜的方位选择。

16 轮作是土地休耕的一种方式。具体做法是让土地耕而不种，或是种一些豆科植物，然后把它们犁到地里，增加土地肥力。

17 入侵植物是指那些在野外疯狂蔓延的外来植物，是生物多样性的重大威胁。喜马拉雅凤仙花是欧洲最严重的入侵植物之一，会抑制溪岸上本土植物的生长。这种植物从英国一直蔓延到波兰，甚至会扩散到更远的地方。如果能有一些方法有效控制它们的生长，那当然是好事。但是，毫无疑问，这又会给可怜的熊蜂带来负面影响。现代英国的农田大多没有花，在这些地方，沟渠和小溪旁的凤仙花是熊蜂仅有的食物来源。

18 当然，不会有人认为蜂类会为此事认真思考，再召开会议，并集体决定一个通用的颜色搭配模式。我们的看法是，有些个体碰巧拥有某一地区大多数物种拥有的颜色搭配模式，而这样的个体成了自然选择的结果。带螯针或有毒的物种变得彼此相似的现象被称为“缪氏拟态”，这是根据德国博物学家弗里茨·缪勒命名的，是他首先提出了这一概念。

19 有些温和无毒的物种也会进化得看起来和有毒、危险的物种差不多，这种现象被称为“贝氏拟态”，是根据亨利·沃尔特·贝茨命名的。他注意到，巴西一些无毒蝴蝶常常会模拟有毒物种。

20 “隐熊蜂”这个名字非常恰当，因为它们直到2002年才在英国被发现。由于它们与明亮熊蜂极为相似，只有在比对DNA或分析性信息素之后才能把二者区分开，以致我们对此物种几乎一无所知。杰西卡正努力改变这一情况。

21 “阴郁”（dreich）这个词你可能没有见过。它来自苏格兰口语，用来指寒冷潮湿、细雨绵绵、让人感觉忧郁的天气。这个词很适合用来描述苏格兰秋天、冬天和春天里大部分时间的天气，有时也适用于夏天的天气。

22 木蜂之所以有这样一个名字，是因为它们能在木头上咬出隧道，在里面筑巢。多年前，我们刚刚大学毕业时，我和老朋友戴夫（偷鸽子粪的那个家伙）决定要骑自行车穿越撒哈拉沙漠到达西非的喀麦隆。那是一次可笑的冒险，并没有完全成功。不过我们倒也有一些很棒的经历，而且也真的走了一大段路程。在沙漠中宿营的一大困难是要找到足够的燃料来生火煮饭。我们常常拿干骆驼粪来对付，效果倒也不错，可就是在我们的锅底留下了一片黏糊糊的东西。有一次经历让我们记忆犹新。那是一个黄昏，我们正要扎营过夜。这时，我们注意到一簇灌木，很脆，而且没有叶子。我们弄了许多小树枝，生了一堆火来抵御夜晚的寒意。不幸的是，在昏暗的光线下，我们没有注意到树枝是中空的，里面塞满了正在冬眠的木蜂。火势刚要旺起来的时候，树枝里开始出现令人难以置信的嗡嗡声。不久，便看见又大又黑的蜂群正努力逃跑。被火燎了的蜂儿冒着烟，立刻愤怒地朝各个方向横冲直撞，让我们在沙漠星空下的夜晚比预想的更加热闹。

23 阿根廷的饮食里似乎没有蔬菜，大块的牛排和薯片是标准餐。我们住的几家旅馆所提供的早餐中都不可避免地有一种像羊角面包一样的糕点，被称为“梅迪亚卢纳面包”，还有小块蛋糕和一种难以下咽的橙汁，颜色鲜艳得有点不自然。我真担心等到旅程结束时，我会患上脚气或坏血病。

24 在《螯针的故事》中，我记录了在1885年，熊蜂是如何从英国肯特郡被引入新西兰的，也写到了把短毛熊蜂从新西兰重新引回英国邓杰内斯角的尝试。这种熊蜂已经在英国灭绝，邓杰内斯角是当初它们在英国的最后一个据点。

25 这一点存在争议。有些人认为，在发现美洲之前，欧洲早已存在梅毒，但是欧洲第一例关于梅毒的明确记录来自1494年的那不勒斯。看起来很有可能是紧跟第一批从美洲归来的欧洲殖民者的脚步而来。

26 全球每年生产的西红柿数量多得惊人，累计能达到两万亿个，其中大部分依靠熊蜂授粉。

27 这项调查的负责人汤姆·默里后来收到了来自熊蜂商业养殖者的威胁，警告他如果不撤回论文，他们就要诉诸法律。但幸好汤姆并没有撤回论文，威胁也没有成为现实。

28 小哈里·H. 莱德劳虽然别无其他建树，但享有一项重要的荣誉：他是第一个懂得如何给蜂王人工授精的人。估计你也能猜到，这是一项耗时费事的工作。但是，如果希望培育具备某一特性的蜜蜂，这一工作也大有用途。

29 2010年，罗宾和无脊椎动物保护协会向美国鱼类及野生动物管理局递交了一份申请，要求将富兰克林熊蜂列为濒危物种。因诉讼和申请太多，美国鱼类及野生动物管理局忙得不可开交。所以，五年过去了，他们仍然没有时间来评估这一案子。因此，富兰克林熊蜂至今未被列入濒危物种名单，更别说进入灭绝物种名单了。

30 这些优雅的生物有一个成为最长寿蝴蝶的秘诀。它们的成虫能存活三个月甚至更长时间。大部分蝴蝶只能喝花蜜，但是袖蝶也能用它们的喙收集花粉，分泌酶把它们消化掉，然后吸食余下的富含蛋白质的“汤”。在有几种袖蝶中，雄性会找一些雌性虫蛹，在雌蝶尚未发育完全时与它们交配。这种手段给人感觉有些伦理问题。

31 所有的蜂、蚂蚁和胡蜂都有一个共同的祖先，它生活在两亿四千万年前，是独居生物。从那时算起，完全社会性的物种（众多不具备生育能力的成员协助一个或多个蜂王或蚁后）经历了至少11次独立的进化，产生了现在的蜜蜂、熊蜂、蚂蚁和普通黄胡蜂等生物。为什么在这一类有亲缘关系的昆虫中发生了这么多次进化，始终是一个令人困惑的问题。所以，研究处在两种状态之间的蜂和胡蜂可能会为我们回答这一问题提供线索。

32 以下这种做法有人说勇敢，有人说愚蠢：一位名叫贾斯汀·O. 施密特的人故意让78种昆虫蜇自己。这样，他就能把它们造成的疼痛感排名并加以描述。沙漠蛛蜂与子弹蚁并列冠军。前者造成的疼痛被他绘声绘色地描述为“即刻见效的极度疼痛，能让你失去除尖叫以外的所有能力，精神约束根本不起作用”。子弹蚁是一种大型蚂蚁，原产地也是南美洲。施密特把它们蜇刺造成的疼痛描述为“纯粹、剧烈、超凡脱俗的痛感，就像你的脚后跟扎着一根生了锈的三英寸长的钉子，同时还要在冒着火苗的炭火上走过”。很明显，最好避免这两种疼痛中的任何一种。施密特的论文于1990年发表。在他的启发之下，他的同伴，另一名昆虫学家迈克尔·L. 史密斯故意让蜜蜂蜇身体25个不同部位，目的是测试哪个地方最敏感。结果他发现，最疼的地方是鼻孔、上嘴唇和阴茎。由于他们虽有点无聊，但至少也算付出了无私的努力，二人于2015年共同获得了诺贝尔奖的趣味版——搞笑诺贝尔奖。

33 眼镜熊其实是最温顺的熊。在自然状态下，它们吃多种植物，如凤梨科植物、棕榈芯和浆果。眼镜熊杀死人类的记录只有一例：死者是一个猎人，他恰好击中了这头正在树上的熊。垂死的熊掉落在猎人身上，把他压死了。在生活（和死亡）中，正义有时就是这样说到就到。

34 我不应该对英国的鸟儿这么无礼。它们中有很多种都非常漂亮，每一种都令人着迷。但是，童年时的观鸟体验让我大失所望，因为我不能确定我看到的到底是哪种莺、百灵和燕雀，也不具备区分它们鸣叫的听力。如果你正打算去观鸟，我强烈建议你找一位专家帮帮你，否则你也可能会有一段令人沮丧的经历。或者，你也可以去厄瓜多尔。

35 当然我并没有与它们相遇，遇见这些生物的可能性微乎其微。要是我真有幸能瞥见它们，估计它们更愿意消失在森林中，并没有兴趣来攻击我。事实上，走在任何一个城市都比探索雨林要危险，尽管我们对于车流和拦路强者的熟悉，让我们对它们造成的危险不屑一顾。澄清一点你的疑惑：睫角棕榈蝮是一种体形很小的树栖黄色毒蛇，它们拥有一对像英国前财政大臣丹尼士·希利那么壮观的眉毛。

36 人们通常认为，我们需要建造数以千计的住房，以保证房价处于年轻人也能买得起的水平。但真的有人相信建造10万栋新房便足以拉低房价吗？我猜想真正的动机是大规模的房地产开发能产生巨大的利润，足以使那些从事建房、筑路的大公司赚得盆满钵满。

37 后来我才发现，有一家人在那里住了好几年了，他们利用从附近工厂回收来的皱巴巴的锡片搭建住所。不过，我不确定是否真有人被埋在了那里。

38 象甲科昆虫是素食甲虫，它们的鼻子特别长，而且向下弯曲，能让人联想到大象的鼻子。这种貌不惊人、基本无害的昆虫家族发展得相当成功，已知共有40 000种象甲。

39 “威客”是一个古老的撒克逊词汇，意思是“奶酪生产和熟化的地方”。或许曾经有人居住在坎维威客，至少有过一个繁忙的奶酪生产地。但如今，那里仅仅是一块无人居住的棕地而已。

40 另一个令人伤心的转移失败案例是把刺猬从尤伊斯特群岛转移到苏格兰内陆。刺猬并非苏格兰岛上的本土动物，但是一个好心的菜农认为可以用它们来吃地里的蛞蝓，便把它们愚蠢地引进到岛上。可是，刺猬更喜欢吃在外赫布里底群岛的地上筑巢的罕见鸟类的蛋。这倒也是情理之中的事。就这样，刺猬生活得很好，但鸟儿遭了殃，控制刺猬的数量便成为情理之中的事了。为此，人们启动了一项耗资巨大的捕捉和转移刺猬的项目。迄今为止，已经转移了1 600只刺猬。这些工作初衷很好，也是由目的纯正的人负责执行的。但是那些刺猬到底怎么样了？它们被转移到英国的内陆地区，结果数量在数年间直线下降。下降的原因并不是十分清楚——可能是在路上被碾压，抑或是猎物身上的杀虫剂产生的作用。被转移的刺猬前途未卜，这便是残酷的现实。有人可能会质疑，这笔高额的费用能否花得更有价值一些。

41 气步甲（bombardier beetle*）的名字来源于它们格外荒谬的防卫机制。它们的腹部有一个大室，里面装着它们分泌的氢醌和过氧化氢，这两种都是容易发生化学反应且有毒的物质。这个大室与一个装着化学催化剂的小反应室相连。当气步甲受到攻击时，它们就把有毒的化学物质喷射进反应室，并且在催化剂的作用下引起爆炸反应，从身体末端喷出一股滚烫的苯醌烟雾，还带有声音。当然，不要在家里做这些实验。气步甲能扭动腹部进行瞄准，把奇臭无比的滚烫物质喷向对手。有一次，我曾经捡起一只气步甲，它喷射出的物质把我指尖的皮肤都烫成了棕色。有时我很好奇，在它们进化的过程中，会不会有那么一两次意外把自己炸得粉身碎骨。

42 目前对这个地区的调查还很粗略，主要的几种调查对象似乎是随

* 直译为“炮手甲虫”。——编注

意选择的结果，特别是冠欧螈和各种蝙蝠。它们的确属于非常可爱的生物，但与很多其他生物比较起来，它们并非急需保护。这些调查通常很少关注昆虫和其他无脊椎动物，而且往往由不具备专业知识的人负责实施。即使有一些珍稀的重要物种存在，这些人也没有办法发现它们。

43 “Defra” 全称为“Department for the Environment Farming & Rural Affairs”。

44 我以前的一位博士生乔治娜·哈珀想出了另一个办法。她对英国所有的白缘眼灰蝶种群进行了基因研究，发现它们都来自共同的祖先，都是同一只雌蝶的后代。或许它生活在240年前，与法国北部的白缘眼灰蝶有密切的亲缘关系；也有可能这只雌蝶被暴风雨吹过了英吉利海峡，又或者是在18世纪初被某个蝴蝶迷有意带到了英国。这个时间与流行研究和收集蝴蝶的时间正好一致。有趣的是，尽管这种蝴蝶非常漂亮，而且生活在蝴蝶收集者相对活跃的南方，可是直到1775年，英国才有人描述白缘眼灰蝶这一物种，比其他蝴蝶要晚很多。当然，清理完森林后才人为引进我们所有的草地昆虫和植物物种的可能性很小，但是或许有一些与众不同的物种应该属于这种情况。

45 在北美用语中，“elk”一词指与欧洲马鹿亲缘关系很近的一个物种。我们用它来指代完全不同的另一种动物，即北美人所谓的“驼鹿”。这时，卡尔·林奈的双名法拉丁学名就显得尤为重要了，它能避免许多混乱。

46 我小的时候，曾经尝试在房间里的淡水水族箱中养这样一只漂亮的河蚌。但是，它们属于滤食动物，因此在狭小空间里存活的可能性十分渺茫。毫无疑问，我的那只也死了。因为它生活在底部的淤泥中，所以我并没有立刻注意到这一点。直到腐臭的味道充斥了我的房间，我才发现它已经死了。

47 2013年，《每日邮报》报道荷兰出现狼群时，使用的标题是“荷兰150年来首次出现杀手动物”。我猜想《每日邮报》的人肯定不想在英国再引入狼。真为他们感到可耻！

48 河狸可能会携带令人讨厌的多房棘球绦虫。它们恐怕能感染人类，而且有致命的风险。所以，在引进河狸之前，我们必须要采取预防措施，保证它们不携带这种绦虫。这其实很简单，因为在欧洲很多地方，例如挪威，那里有河狸生活，但并没有绦虫。

49 与此同时他们正在持续推动一项运动，坚决抵制对使用新碱类杀虫剂的限制。这类杀虫剂毒性很大，会对环境产生深远持久的影响，可以说是导致蜂类和其他农田野生动植物数量下降的罪魁祸首。

50 如果你已经迫不及待地要冲出去买一本，那我需要告诉你，这并不是一个真实的书名，但真实的书名也同样晦涩难懂。倘若你想去市场寻找一本能帮你辨认英国蜂类的书，那我强烈推荐史蒂文·福尔克所著的《大不列颠和爱尔兰蜂类野外指南》，书中漂亮的插图由著名野生动植物艺术家理查德·利文顿绘制。

51 实际上，在英国有许多生活在野外的“野”猪，它们是从农场逃出来的“越狱高手”。在西南部和东萨塞克斯生活着一些小的种群，而迪恩森林里的估计能达到500头。对它们的捕杀引起了广泛争议。支持者认为它们破坏了树木（我在上次观察时发现，欧洲其他地方的树林似乎找到了应对方法），而且它们会拱坏精心维护的草坪（在我看来，这倒不是坏事）。难道它们就不能像我们一样拥有在这里生活的权利吗？

52 以前，大部分独居蜂都没有俗名。这种情况最近才有所改变，目的是鼓励人们对它们感兴趣，使非专业人员也能走近它们。不过，并非所有人都赞同这种做法。汤姆就是纯粹主义者，他对这种降低姿态的做法不屑一顾。

53 虽然大家都承认夜莺的叫声让人颇有好感，但我个人认为在春天的清晨，它们的叫声比乌鸫好不到哪里去。

54 “特魅营”（glamping）是“特有魅力宿营地”（glamorous camping）的缩写，是个不拘一格地汇集许多舒适帐篷和牧羊人小屋的地方。

55 在farmsubsidy.org这个网站上，你能够非常精确地知道欧盟的每个“农民”每年能得到多少补贴。你一定会非常奇怪，因为英国受补贴最多的是糖商泰莱公司。在过去的15年中，它受到的“农场补贴”不下于594 270 084欧元（虽然让人吃惊，但这里的数位并没有出错）。这家公司根本不从事任何形式的农业活动，只是从热带国家购买甘蔗，然后从中提炼糖。我们也把同样是天文数字的补贴给了种植和加工甜菜的公司。事实上，作为一种密集单一栽培的作物，甜菜的生产过程中使用了多种杀虫剂。所有这一切就是为了生产一种对我们基本上没什么好处的物质，它是糖尿病的最主要致病因素之一，而糖尿病正在严重破坏英国的国民医疗服务体系。或许这笔来自纳税人的钱花得并不是很明智。

索　引

（条目后的数字为原书页码，见本书边码。）

本书中出现的主要物种名称

（汉、英、拉对照）

草熊蜂	ruderal bumblebee	*Bombus ruderatus*
长颊熊蜂	garden bumblebee	*Bombus hortorum*
长头熊蜂	old carder bumblebee	*Bombus veteranus*
盗熊蜂	cuckoo bumblebee	—
低熊蜂	brown-banded carder bumblebee	*Bombus humilis*
斗熊蜂	bellicose bumblebee	*Bombus bellicosus*
短毛熊蜂	short-haired bumblebee	*Bombus subterraneus*
断带熊蜂	broken-banded bumblebee	*Bombus soroeensis*
钝头熊蜂	black bumblebee	*Bombus atratus*
凡戴克熊蜂	Van Dyke's bumblebees	*Bombus vandykei*
富兰克林熊蜂	Franklin's bumblebee	*Bombus franklini*
黑尾熊蜂	black-tailed bumblebee	*Bombus melanopygus*
红柄熊蜂	red-shanked carder bumblebee	*Bombus ruderarius*
红尾盗熊蜂	redtailed robber bumblebee	*Bombus wurflenii*
红尾熊蜂	red-tailed bumblebee	*Bombus lapidarius*
黄带熊蜂	yellow-banded bumblebee	*Bombus terricola*

黄腋蜂	yellow armpit bee	—
加州熊蜂	Californian bumblebee	*Bombus californicus*
匠熊蜂	orange-tipped bumblebee	*Bombus opifex*
尖叫熊蜂	shrill carder bee	*Bombus sylvarum*
金巨熊蜂	giant golden bumblebee	*Bombus dahlbomii*
卡氏熊蜂	Cullem's bumblebee	*Bombus cullumanus*
比利牛斯熊蜂	Pyrenean bumblebee	*Bombus pyrenaeus*
眠熊蜂	tree bumblebee	*Bombus hypnorum*
明亮熊蜂	white-tailed bumblebee	*Bombus lucorum*
牧场熊蜂	common carder bumblebee	*Bombus pascuorum*
内华达熊蜂	Nevada bumblebee	*Bombus nevadensis*
熊蜂蚜蝇	bumblebee-mimicking hoverfly	*Volucella bombylans*
欧洲熊蜂	buff-tailed bumblebee	*Bombus terrestris*
欧石南熊蜂	heath bumblebee	*Bombus jonellus*
四色盗熊蜂	four-coloured cuckoo bumblebee	*Bombus quadricolor*
沃氏熊蜂	Vosnesensky bumblebee	*Bombus vosnesenskii*
西部熊蜂	western bumblebee	*Bombus occidentalis*
藓状熊蜂	moss carder bumblebee	*Bombus muscorum*
锈斑熊蜂	rusty patched bumblebee	*Bombus affinis*
阴暗熊蜂	obscure bumblebee	*Bombus caliginosus*
隐熊蜂	cryptic bumblebee	*Bombus cryptarum*
园丁熊蜂	Andean gardener bumblebee	*Bombus hortulanus*
早熊蜂	early bumblebee	*Bombus pratorum*
卓熊蜂	great yellow bumblebee	*Bombus distinguendus*

译后记

从我们规划《寻蜂记》的翻译事宜到这本书行将付梓，中间经历了挺久的时间，然而一切等待都是值得的。《寻蜂记》是一本好书，值得期待。这本书的自序是我非常喜欢的部分之一，作者讲述了自己从无知孩童成长为生物学家的历程，那是一段让人瞠目结舌的童年时光，充满了科学、激情和火光，可以被家长吊起来打的那种，让人感叹小孩子能长大真的不容易（笑）。人虽然长大了，但这种冒险精神仍然贯串着作者的人生，只是少了那份鲁莽，多了反思与睿智。

总体来看，这本书讲述的是作者到世界各地寻找熊蜂的故事。从更大的角度上来说，熊蜂应该属于蜜蜂类，但是它们当然与我们用蜂箱饲养的意大利蜜蜂等物种不同，两者不是一回事。家养蜜蜂仅属于蜜蜂类中被称为蜜蜂属（*Apis*）的极小类群，尽管后者也包括了野生类型，但整个蜜蜂属的物种数不超过10个。熊蜂则要多得多，有数百种，遍布在各个主要大陆的陆地生态系统中。熊蜂的体形更大一些，看起来更加粗壮，有些“熊”味。相比之下，熊蜂的社会组织规模和精细化程度不及狭义的蜜蜂，但是它们更加多样化。在不同的地方，你会遇到不同的熊蜂物种。作为重要的传粉昆虫，熊蜂的数量和状态变化能够反映出生态系统的健康程度，为我们带来有意义的提示。本书的作者大概也是抱着这样的期许踏上寻蜂之路的。在这本书中，我们能够感受到作者的期待、失望、兴奋、无奈、叹惜等情绪，也能够读到他所提出的解决方案。越是读到后面，这种体验感便越强。

不过，这本书在阅读过程中有一个问题，那就是出现了太多的物种名。这些物种名中的绝大多数，我相信大部分读者都是第一次听说，而合上这本书之后，几乎再也没有可能遇到。因此，我希望您不要过分关注这些名词，更不要努力尝试去记住它们。尽管我们为了翻译好这些名词做出了很多的努力，我认为，它们仍然会阻碍您的阅读。您更应该去体验作者寻找熊蜂的经历本身，去体会自然探险的魅力，去思考人与自然共存的关系。当然，如果您确实对这些物种感兴趣，那也是一件好事。我们为此做了一些工作，编辑补充了图书的彩色插页，我们也在本书的附录中整理了许多物种的中文名、英文名和拉丁学名对照表，您可以按图索骥，以它们为关键词，继续检索有关的内容。

这本书由王红斌老师主译，他是一位优秀的译者，研究方向是英语语言文学，非常擅长动物类和科普类的图书翻译，我们一起合作了很多作品。在这本书上，王老师的工作一如既往地出色，也为本书的译文增色不少。他承担了比我多很多的工作，因此当之无愧地为第一译者。

不过，虽然从译者到编辑，都很认真地对待这本书的出版工作，也进行了反复推敲和修改。但限于能力和水平，我想我们仍然会有一些疏漏，甚至会有一些低级错误。但这些都是无心之失，我们也愿意为此改正。因此，如果您发现了任何错误、问题，都请一定联系我们。您可以发电子邮件（ranh@vip.163.com）给我，由我向第一译者和编辑转达，也可以直接联系出版社的工作人员。非常感谢！

最后，开卷有益，祝您阅读愉快！

冉　浩

2021年9月15日